U0829917

高等院校视觉传达设计系列教材

商品包装设计

赵德昌　于鲲　编著

天津大学出版社
TIANJIN UNIVERSITY PRESS

图书在版编目（CIP）数据

商品包装设计 / 赵德昌，于鲲编著.—天津：天津大学出版社，2010.2（2024.2重印）
（高等院校视觉传达设计系列教材）
ISBN 978-7-5618-3401-5

Ⅰ.①商… Ⅱ.①赵…②于… Ⅲ.①商品包装—设计—高等学校—教材 Ⅳ.①TB482

中国版本图书馆CIP数据核字（2010）第025617号

出版发行	天津大学出版社
地　　址	天津市卫津路92号天津大学内(邮编:300072)
电　　话	发行部:022-27403647　邮购部:022-27402742
网　　址	www.tjup.com
印　　刷	廊坊市海涛印刷有限公司
经　　销	全国各地新华书店
开　　本	185mm×260mm
印　　张	8
字　　数	226千
版　　次	2010年3月第1版
印　　次	2024年2月第7次
定　　价	259.00元（共7册）

序

“变则通、通则达”。变化是事物存在的重要属性特征，依据不同的环境与需求，人的意识也在不断的变化中更迭并得以优化，创造出一种新的互生关系，而这正符合设计教育的规律与要求。长期以来，就视觉传达设计而言，由于人们对它的内涵与外延缺乏应有的动态观念，因此难以形成清晰和全面的理解。如传达媒体由印刷向影像及多媒体领域发展；视觉符号由平面向三维和四维形式扩展；传达方式由单向信息传达向交互式信息传达的转化等。

现今的视觉传达设计是以视觉符号通过视觉媒介传达信息的设计。它是设计艺术领域中历史最悠久且发展最为成熟的专业之一，也是艺术设计领域重要的组成部分，具有强烈的时代特征和丰富的文化内涵。设计艺术所涵盖的内容随着时代的发展和科技的进步而不断丰富，逐渐形成了与其他领域相互交叉，与其他视觉媒介关联并相互协作的设计行业。

我国现今的设计教育面临着前所未有的发展机遇，众多高校纷纷开办了视觉传达设计专业。面对社会对人才需求的持续增长和对人才要求的多元化趋势，如何加快培养出更多符合专业发展要求和社会需求的优秀设计人才，是长期以来摆在该领域教育工作者面前的重要课题。由我院视觉传达设计专业教师精心编写的这套系列教材的目的也正在于此。

天津美术学院视觉传达设计系是以中青年教师为主的教学团队，他们继承了老一代师长的教学经验，把多年的教学研究成果进行了系统的归纳和总结。一方面反映出他们多年来教学探索的轨迹和经历；另一方面也体现出我院在发展与协调中教学改革与实践的成果。本套教材集合了目前视觉传达设计专业的主要课程，课程间相互依托，形成了合理的、独具特色的课程体系，并在多年的教学实践中得到了具体的体现，收到了良好的效果。我们有理由相信，本套教材的出版必将对国内视觉传达设计专业教学水平的提高与专业的发展起到十分积极的作用。

我们的脚步将继续前行，不断为传承中华文化精神，促进社会经济与文化事业的发展，为培养更多的富有创新精神的优秀设计人才贡献我们的力量。同时也真诚地希望本套教材问世后，能够听到各位专家、学者的宝贵意见。

天津美术学院院长 教授

2009年6月

目录

第一章 商品包装概述
SHANGPINBAOZHUANGSHEJI

第一节 商品包装和商品包装设计

“包装”在英文里是Packge ,而在中文里则是一个更形象且有意思的词汇，从字面上可以表述为“把物品包并装起来”，这很朴实地反映了包装最初的本意和功能——满足人类生活最基本的要求。

1996年春节晚会上，由著名表演艺术家赵丽蓉老师表演的精彩小品“如此包装”幽默、夸张、诙谐。小品里的“包装”就不再只是包裹的意思，而是指对人形象的策划和宣传。包装含义的不断扩展是时代的发展、社会的进步所必然产生的。

在本教材中，我们主要是针对开设艺术设计学科的大中院校的学生，对商品包装设计领域的知识做传授和探究。当今的商品包装，除具备“包好商品”这一最基本的功能外，还必须满足合理地保护和运输商品、准确地表现和传达商品的特性、最大化地促进商品的销售、最小化地减少商品包装垃圾的污染等多种要求。

相应地，商品包装设计也就是一门多学科交叉的课程。我们会针对商品包装这一学科涉及的平面设计、立体造型、印刷工艺、材料科学、市场营销学等做一一论述。

中国古代象形文字
中国古代象形文字“包”形象准确地传达了包裹的涵义。

现代人的自我包装
现代人的自我包装透露着时尚和个性。

第二节 商品包装的产生与发展

一、原始与古代的商品包装

虽然商品包装设计是工业革命以后的事情，但人类的包装设计意识却由来已久，可以追溯到远古时代。神秘的木乃伊就反映了人类最初的包裹手段，其目的只是希望尸身不腐、灵魂不死，这种运用当时最先进的技术包裹涂画的行为与今天现代文明的商品包装息息相关。商品包装的发展演变过程也是人类漫长的文明发展历程。

木乃伊
木乃伊的棺材上画着丰富的图案，这些在我们看来颇为华美的包装、具有审美价值的图案其实都承载着丰富的含义。死去的权贵的灵魂会在特定的时间返回阳间，其画像、雕像以及供奉他的酒肉祭品，还有他的肉体就会引他回到墓室。生命的永恒就依赖于灵魂定期返回被制成的木乃伊的尸体上。

木乃伊
木乃伊的制作先要掏去内脏，用特制的药水涂抹尸身，经过长达几十天的防腐处理，再用成条的亚麻布紧紧地缠绕。并在上边盖上成块的大布，再用布条缠绕。反复几次，上边写着死者的信息。

1．商品包装的原始形态

据记载，公元前3700年的埃及人就开始用手工方法熔铸、吹制玻璃瓶子来盛物品，用草芯制成原始的纸张包东西。公元前1400年左右，埃及就已用带细裂纹的陶瓷罐作为酒的容器。

在人类久远灿烂的古代文明中，容器是劳动人民智慧和辛劳的结晶。它具备了包装最初的形态，也体现了包装最基本的功能。

（1）陶器

《老子》第十一章曰：“埏埴以为器，当其无，有器之用。凿户牖以为室，当其无，有室之用。故有之以为利，无之以为用。”老子认为，一个有形的现实具体之物都是由这个“无”产生的，“有无”共成世界，互相为用。世界不能没有可用之物，但世界也不能全部都是可用之物。老子在讲道理时拿容器举例实在是生动，其中埏埴（“埏”：用水和土；“埴”：黏土）是指和泥制作成陶器。

如右中图所示，形态接近狗的陶壶充分把动物各部分形体化作具有实用功能属性的造型器件，既传神又不牵强。这种化自然形态为器物形态的意匠手法对后世手工艺的创作产生深远的影响，对于包装的造型设计也会有很好的启发。陶器的发明标志着人类首次创造性地把一种物质改变成另一种物质。我国的陶器在新石器时代晚期发展到很高的水平，装饰图案依据器皿自身的形态绘制，形式和功能达到完美的统一。

右下图整体图案的点、线、面组织巧妙，黑白灰层次分明，有很强的运动感。汲水时自然下沉，水满后平稳浮出。此器皿集功能美和形式美为一体，由此可以看出先人的科学创造和精湛的造型艺术。

红陶兽型器
（盛水器皿 中国新石器时代）

彩陶漩涡纹尖底瓶
（汲水器皿 中国新石器时代）

（2）青铜器

我国早在商代的时候，青铜器就已被普遍使用，但主要都是奴隶主和达官贵人为满足其奢华生活的各种用品。青铜器作为容器出现可分为烹蒸器、食器、酒器、水器等。烹蒸器主要有鼎(煮肉的器物)、鬲(音力，煮粥的器物)、甗(音演，烹器)等。食器主要以簋(音轨)最多，用来盛黍、稷等主食，相当于现在的碗。祭祖仪式多用酒器，酒器的造型很多，如角(饮酒器)、觚(音姑，饮酒器)、觯(音至，饮酒器)，还有壶、卣(音又)、栅(音公)、尊等盛酒器以及盉(音禾，调酒器具)等。水器则有鉴和盘等。青铜器的创造，体现了古代人民对制造工艺和装饰美学法则的掌握。

饕餮乳钉纹方鼎（炊器 商代前期）
此鼎为商代早期器物。鼎体近似方形，棱角分明，足粗壮有力，稳重感强。

饕餮纹盉（饮酒器皿 商代前期）

太保鸟簋（盛酒器皿 西周早期）
此器皿造型概括，夸张又不失传神，整体简练、和谐、粗狂。

（3）漆器

用漆涂在各种器物的表面所制成的日常器具及工艺品、美术品等，一般称为“漆器”。在中国，从新石器时代起就认识了漆的性能并用以制器。历经商周直至明清，中国的漆器工艺不断发展，达到了相当高的水平。漆器是中国古代在化学工艺及工艺美术方面的重要发明。中国开始以漆作为涂料，相传始于4 000多年前的禹夏时代。商周时代，漆器工艺已具有了相当高的水平，在莆城台西商代墓葬中发现了几十片漆器残片。这些漆器为朱红地，黑漆花纹，上下交错，构成了多种精美的图案。在以后的历史发展中，漆器不断发扬光大，每一个历史时期都会出现新的制作工艺，使得漆器更加绚丽。在中国历代的人物画中，我们常能看到奁作为道具出现，如化妆盒、食品盒等。中国的炝金、描金等工艺品对日本等国都有深远影响。它甚至还对欧洲产生了影响，18世纪英国著名家具工艺家汤姆·齐皮特曾根据中国漆器的特点，设计出一种装饰风格独特的家具，风靡一时，家具史上被称为“齐皮特时代”。

花鸟纹嵌螺钿黑漆经箱（经箱 五代）

彩绘云龙纹漆盒（秦代）

剔犀执镜盒（容器 南宋中期）

此镜盒有八组云纹图案，漆层肥厚，刀口圆润而深，云纹显得圆润有致。剔犀的漆色为朱、黄、黑三色，附以云纹，似静似动，节奏感强。

（4）瓷器

据考古学资料记载，釉陶最早产生于西亚，瓷器则是中国的伟大发明。在中国历史发展中，作为容器的陶瓷应用范围之广、历史之久远以及影响力都远远高于其他容器。直至今日，瓷器除了作为工艺品、日用品外，也常被用作酒类、化妆品类的包装。生产力的提高和交换的扩大，大大促进了陶瓷的发展。公元18世纪末到19世纪中叶的工业革命，是欧洲思想解放运动的必然结果，它促使欧洲的自然科学取得巨大发展，也促进了制瓷技术的快速发展。德国化学家波特格尔发明了硬质瓷，英国的威基伍德发明了奶色陶瓷，英国的大乔希亚发明了转移贴花装饰的技术，小乔希亚发明了骨质瓷。这些发明创造拓宽了陶瓷的材质，也扩大了生产规模。

白釉黑花镜盒（容器 北宋）
此镜盒整体装饰典雅大方，朴素又不失尊贵，显示出匠师深厚的艺术素养。

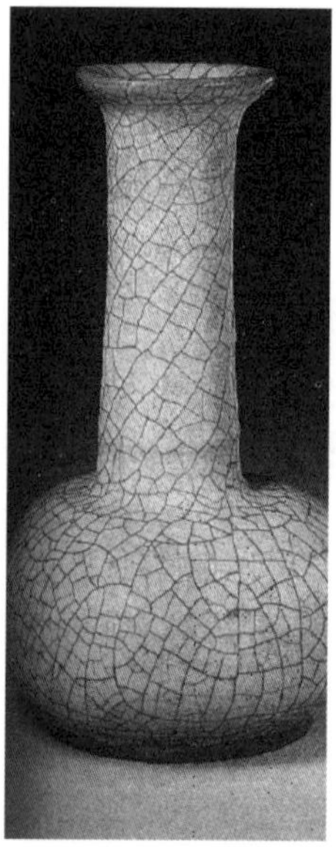

弦纹瓶（盛酒器皿 宋代）
此瓶形体各部分比例适当，颈长而不失调。釉色均匀，通身是黑黄交错的开片纹，呈现天然的纹理美，这也是人们所说的“金丝铁线”。

青花葡萄缠枝纹盘
古代瓷盘上的青花纹具有浓郁的中国传统文饰风格。

青花海水龙纹扁瓶（盛水器皿 明代）
此瓶为圆口，口沿微微外撇，颈部细长，溜肩，腹圆而饱满，弧度自然。整体清秀而挺拔，绘有青花纹饰，整个龙身做留白处理，全由海水纹路衬托而出。此瓶为青花瓷器中的精品。

2．民间天然商品包装材料

在今天琳琅满目的商品包装里，我们依然能够看到很多仿天然材料或直接采用的天然材料，如：干草、藤条、竹子、木材、丝绸等。这些材料环保、节约、无污染，在古代社会就被广泛应用于生活生产中，并且一直沿用至今。中国传统佳节“端午节”有吃粽子的风俗，而粽子的包装方法就是用干净的箬叶把糯米包成三角形，再用线绳缠绕固定。上锅蒸时，箬叶的清香渗透到糯米里，粽子才格外软滑细腻。这种包装不愧为集劳动人民聪明智慧之大作。明代史书就记载了一种对易碎瓷器的运输方法：“初卖时，每一器内纳沙土及豆麦少许，数十叠辄牢缚成一片，置之湿地，频洒以水。久之则豆麦生芽，缠绕胶固，试投荦确之地，不损破者以登车。”这种包装方法把植物的特性和物品的特性巧妙地结合，实在高明。

手工编织的竹篮子

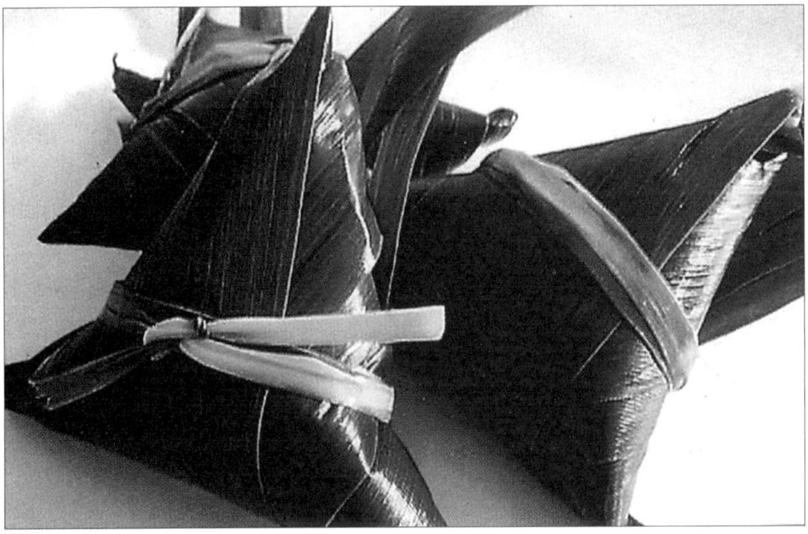

传统粽子包装

现代粽子包装

现代粽子在传统包装的基础上又有所改进，外观更漂亮，同时内部的真空包装使保存的时间也延长了。

采用了传统材料和工艺制作而成的现代商品包装

二、近代商品包装

1．近代商品包装的发展进程

如果说原始和古代的包装由于受生产力发展水平的制约，人们往往就地取材满足生活最基本的需要，包装设计也仅仅是停留在无意识的状态下；那么随着生产力的不断扩大，资本主义商品经济的发展，尤其是18世纪后期工业革命的推进，机械化生产取代单纯的手工生产，促进了世界范围的贸易发展，一些发展较快的国家开始形成机器生产商品包装产品的行业。

2．商品包装的材料、容器和技术

16世纪中叶，欧洲已普遍使用锥形软木塞密封商品包装瓶口。我们现在饮用的香槟和葡萄酒至今还沿用了绳系瓶颈和软木塞封口的包装。1871年出现了纸板制作工艺，纸制容器大量生产；19世纪初发明了用玻璃瓶、金属罐保存食品的方法，从而产生了食品罐头工业等。1856年加软木垫的螺纹盖被发明了，1892年冲压密封的罐盖使密封技术更简捷可靠。20世纪40到50年代，各种新的材料技术进步促进了第二次世界大战后经济复苏和繁荣时期的包装工业的大力发展。

3．近代商品包装标志的应用

近代商品日益丰富，怎样才能更好地诱导顾客选择商品，从而扩大销售，标签的作用日益凸现。1793年标签被广泛贴挂在酒瓶上。1817年英国药商行业规定对有毒物品的商品包装要有便于识别的印刷标签等。

1790木板手工印刷的标签

1965意大利布料标签

1830～1840埃及发油标签

三、现代商品包装

现代商品包装的全面发展是从19世纪中叶英国工业革命以后开始的，并逐渐发展为商品包装产业，即从设计到材料到机械到生产各个环节紧密相连。例如：美国的包装业已经成为全国的第三大支柱产业；在中国，包装工业2002年的产值在国民经济各主要行业中的排位已由20世纪80年代的第37位上升到了第14位。

①商品的包装逐渐从以机械化大批量生产为主和以长途安全储运物资与商品为目的，进而推向以迎合市场、引导消费、满足人们对商品包装的物质功能与审美功能需要为中心的方向发展。

②商品包装机械呈现多样化、自动化、标准化、规范化的特点，包装工业相关行业标准相继出台。

③人们对包装设计更加理性。20世纪90年代，欧洲各国相继制定了包装设计方面的法律，包装材料更加生态化、健康化。20世纪80年代，回收再利用的理念产生，日本包装界首次提出了“轻、薄、短、小”的设计观念。

可口可乐包装

ItaliaD'Oro系列包装

PAPER MESSAGE 001:PULPER系列包装

四、商品包装趋势

1．品牌商品包装

商品包装上升到品牌的角度就不仅仅是出售商品的使用价值了，因为品牌更多地传达了商品的品位和内涵，甚至是历史和文化。从卖方的角度上讲，树立品牌能增加自身商品与市场同类产品的竞争力，能够拥有自己稳定的消费群体，从而长久地占领市场份额。从买方角度来讲，确定了自己喜欢的品牌后往往能更舒心更快捷地享受商品的功能性利益和情感性利益，体现商品与自身价值和个性的互动。因此这是一个双赢的过程，对商家对消费者都是有利的。商品的包装在这二者之间就起到了承载和沟通的作用，这个作用的力量是显而易见的。

品牌创意设计最重要的是要注意品牌的视觉识别（VI—Visual Identity），这包含三个层面的内容：认知（它是谁）、机能（是做什么的）、评价（做得怎么样）。品牌名称创意设计应遵循的法则是AIDA法则，即：Attention（注意）、Interest（兴趣）、Desire（欲望）、Action（行动）。

伏特加产品包装

瑞典的伏特加品牌在短短的30年里，销售额超过30亿美元，是中国茅台的7倍多。它的成功仅仅是口味的独特吗？显然不是。我们都知道伏特加只有一个度数，两个口味，它的商品包装设计则融汇了品牌的品位和文化。

①品牌创意总体应遵循的要求是具有显著性、独创性和识别性。具体包括以下几个方面的内容：描述体现产品的成分及性能；独一无二，有显著区别的特征；品牌名称的音节要响亮，读来押韵上口，易读易认好听；容易书写、记忆，文字及数字组合，能给人留下良好而深刻的印象；着重写意，意象美好，具有能动价值，能带来启发和联想。

②品牌商品再设计经典案例分析。

其一，水果零售商Sun-Rype的Fruit to go一直是销售很好的水果品牌。因为销售额在一定时期过于平稳，制造商有扩大生产等因素，于是对该品牌做了再设计。

设计目标如下。

设计一个可以吸引孩子的、出色而有活力的形象；向家长传达新产品和原来的产品一样健康安全的信息；在原有品牌之下拓展新的口味和种类。

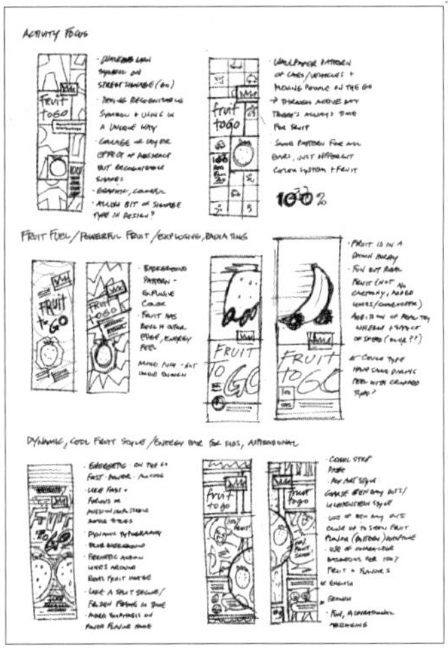

广告文稿策略
作者：植条则夫

品牌创意策略与文化透视
作者：廖晟

案例图例（包装再设计，斯黛茜·金·高登）

其二，生产天然蜂蜜的养蜂业是圣萨尔瓦多的一大产业。养蜂组织委托Ideas Frescas公司为它的蜂蜜罐进行新的设计，以吸引广大的北美洲的消费者。要求它必须具备现代、易记忆的优点，且要有明显的拉丁特色。

设计目标如下。

设计能够反映中美洲蜂蜜的特点：纯粹、天然、新鲜、优质；蜂蜜罐必须有创新，有亲和力；通过包装来缩小中美洲和美国以及加拿大蜂蜜产品的差距，有真正的拉丁风格。

原来的老蜂蜜罐

品牌设计的最终效果

新的包装被美国以及加拿大的消费群体认可并喜欢，成为出口商争取的对象。政府对该产品充满信心，并拿出专项经费作为补贴，用于该品牌的推广。

重新设计后的新蜂蜜罐

品牌形象创意点

用亮晶晶的蜂蜜画出一个颇具拉丁风情的美女，她被蜜蜂飞行留下的图案深深吸引。整个包装轻松快乐，有很强的亲和力。

2．绿色生态商品包装

“绿色”和“生态”是人类社会发展到今天呼声最高的词汇，这恰恰反映了人为因素造成的环境极度恶化，已经威胁到人类生存的事实。商品过度包装造成的垃圾也是其中一个重要的因素。

最早推出绿色环保标志的是德国。1993年6月，国际标准组织ISO正式成立了“环保委员会”。1996年1月，第一个环保标准ISO14001正式颁布。

“绿色”有很多的含义：既有人类自身健康安全意识，又有对自然的环保意识，还有可持续发展的设计意识等。反映到我们的商品包装设计的理念上，就要求设计师放弃那种过分强调产品外观设计的标新立异的做法，而将重点放在真正意义上的“责任”、“道德”上的创新，以更负责的态度和方式，更为简洁、持久的造型设计，在创造包装产品的同时，传达绿色、健康的精神。

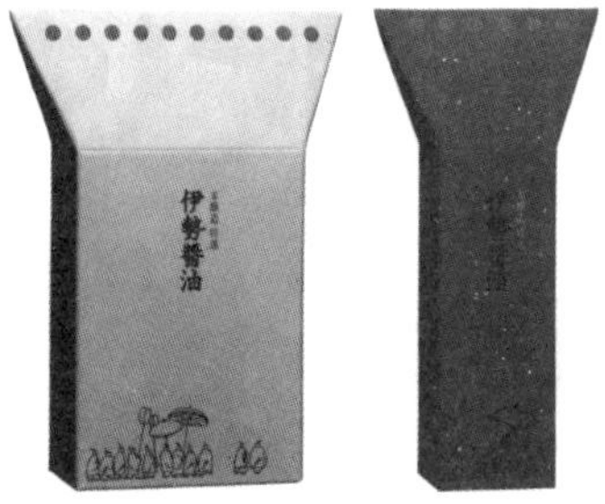

伊势酱油

这款包装打破了传统酱油包装的习惯，简洁大方，更为突出的是它的倒梯形口的设计，非常方便倒取液体，而又不用担心液体洒落。

米袋

此类米袋子最能反映商品的特质，具有易拿易保存的优点。本身材质造价低廉，节约成本。

可重复使用的购物袋

该包装外表柔软实际上很坚韧，同时可以避免纸板包装箱淋雨受损的可能，经久耐用，能够使用20次左右。3年内可以节约1.6亿个一次性购物袋，避免了约1 250吨塑料垃圾的产生和填埋。

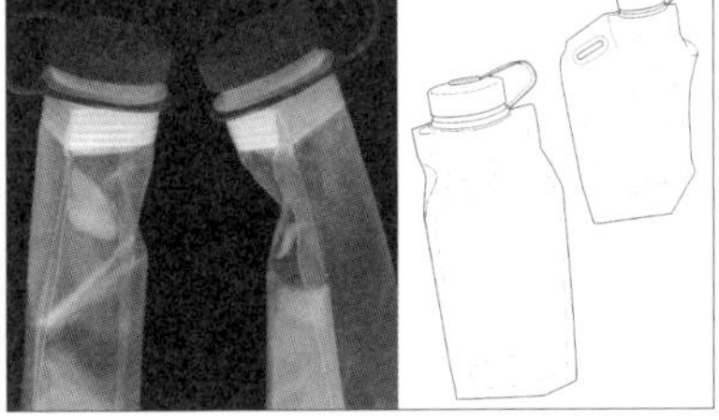

柔性液体产品包装

该包装袋具有耐高温、耐低温、易清洗、完全可回收等诸多优点，多用于户外。

使用及处理特征标志

可回收：可回收材料（如纸张、铝、钢及某些塑料）。

可重复使用：可重复使用的包装。

可生物降解：包装材料可降解为无毒害的自然元素。

促进可持续消费行为：有助于建立可持续生活方式的包装。

运输更为高效：设计的改进和分量的减轻使得运输更为高效。

设计特征标志

减少材料用量：该设计的包装用料比从前减少。

减少材料种类：该设计的包装用料种类比从前减少。

减少生产废料：设计或生产过程改进后生产过程中的材料浪费减少。

使用回收材料：该包装，部分或全部使用垃圾回收材料制成。

节约空间：该设计使得同样的运输容量可以容纳更多包装产品。

重量减轻：包装重量比从前减轻。

垃圾减少：作为垃圾丢弃的材料减少。

生产特征标志

消除已有污染：通过改进设计或改变用料消除了从前的污染。

节约能源：新的生产过程制造同等单位包装，使用的能源更少。

减少空气污染：新的生产过程减少了空气污染。

回收标志

3．个性化商品包装

所谓“包装产品个性化设计”是指在买方市场、市场细分以及目标受众分化的情况下，针对小批量生产的个性产品和商品包装设计。一件有个性的新产品在市场上要将自己独特的外部形态和内在结构展示给消费者，以自己独特的用途和使用价值引起消费者的注意和兴趣，激发消费者的喜爱情感和购买动机。

“风格化”运用到包装上能迅速地抓住消费者的眼球，在视觉信息泛滥的时代，这就符合了商品视觉运作中关于“有效识别”与广告效应的要求。从广义上说，商品包装设计的个性化是指内在和外在形式所具有的相对独立的风格。从狭义上说，则是指构成商品包装的物质材料（材料的质、形、色）的自然属性以及它们的组合规律所呈现出来的风格特征。

笑脸的包装盒

实际上商品包装设计的风格也是一个不断变化的过程，20世纪以来，商品包装设计的风格经历了由单纯到丰富的过程。可见，商品包装设计作为产品的推销手段，必须注意设计的竞争性而求新求变，并具备独特的性格特征，才能更好地满足消费者。

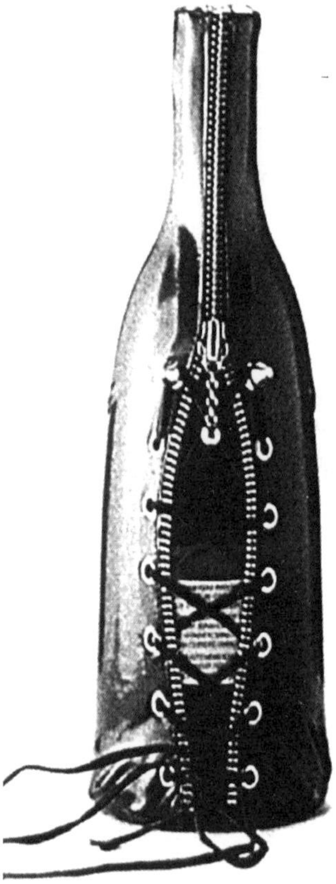
个性化包装

商品包装的个性是与消费者的个性相统一的。由于消费者的性格各异，所以在选择商品时也有所不同，商品包装设计个性的存在就决定了商品的接受对象类别不一。也就是说消费者在选择商品时，实际上是在挑选符合自己个性（也称喜好）的商品包装设计形式。这就使得设计师在商品包装设计时必须注意其商品包装的个性形象，即使是同一商品也应有多种包装形式，这样才能为众多不同性格的消费者提供选择。

拟人手法的应用让普通的产品充满情趣和生活气息

不二家系列食品包装

MEDIUM系列包装

TURNER DUCKWORTH运用影子戏法的创意，让最普通的橡胶手套也变得非常吸引人，不仅贴切而且突出了商品的特点。

在质量保证的前提下，个性化的商品形象就是最有效的促销手段。个性化的包装会以强烈的视觉冲击力吸引消费者的眼球，使消费者留意、停顿、观察、赞赏并最终产生购买行为。“人靠衣裳马靠鞍”，作为商品的衣裳，彰显个性的包装设计是商品的无声推销员。在一家经营15 000个产品项目的普通超级市场里，一般消费者大约每分钟浏览300件产品。也就是说，品牌包装相当于做了5秒钟的广告。研究表明，消费者根据包装而进行购买决策的占到63%。

美国著名的包装设计公司普里莫安得公司认为：消费者一般都分不出产品与包装。对多数产品来说，产品即包装，包装即产品。包装是商品的影子，在缺乏参考信息或者是质量、价格大致相同的情况下，独特的包装可以吸引消费者的视线和兴趣，从而进入消费者的选择范围。

德国的产品及包装设计闻名全球，不仅由于其独具个性的产品设计，而且其设计周期短，以多样化的风格供应给不同喜好的使用者，这是其取得成功不可忽视的原因之一。设计代表了一种高级的个性化。因此，这种设计风格的空前流行，表明世界重新认识新产品个性化的重要性。不应把新产品的个性设计只看成是外部美学，而应将其作为市场开拓必不可少的一环。当世界许多新产品都具有相同品质、功能、部件的共性时，产品的个性设计会极大地影响顾客对产品的评价。塑造个性要有创新的意识，灵活应用创新思维和现代最新科学技术，使个性化包装产品设计具有独特的创造性。在产品包装的形态及色彩的应用上要敢于向潮流学习，把现代色彩构成融入新产品色彩设计之中，随着消费者个性化的形成以及产品由过去大批量生产向多样、少量生产的趋势发展，这已成为现代产品生产的新动态。

SHOK系列包装

个性化的包装不仅意味着不断出新，同时实现包装的个性化设计，也是实现人性化设计的重要方面。

对于具有个性的包装产品的可行性设计以及实现途径，将从以下诸方面考虑。首先，设计是个性包装的先导。随着电脑辅助图形设计硬件系统的升级和软件程序的开发及其应用，图形的输入、包装设计的创意和绘制等，已经做到及时设计。在印刷之前，所有的包装设计数据可以做到数码化，因此印前系统可以为及时印刷做好准备。其次，先进的印刷技术成为实现个性化设计的基本条件。随着直接制版系统和数码印刷机的推广与普及，小批量的、个性化的及时印刷是完全可以实现的。再次，容器造型与生产系统的能力、工艺水平是实现个性化包装设计的保障，包装设计已经完全可以实现数码化和无纸化设计。在电脑上将各种容器造型设计出来，形成数码生产加工指令。在生产方面，采用计算机辅助制造技术，可以将设计好的包装容器数据输出给相应的数码模具或者产品生产制作设备，以实现模具产品的生产制作，保障包装容器的制作快捷、准确。

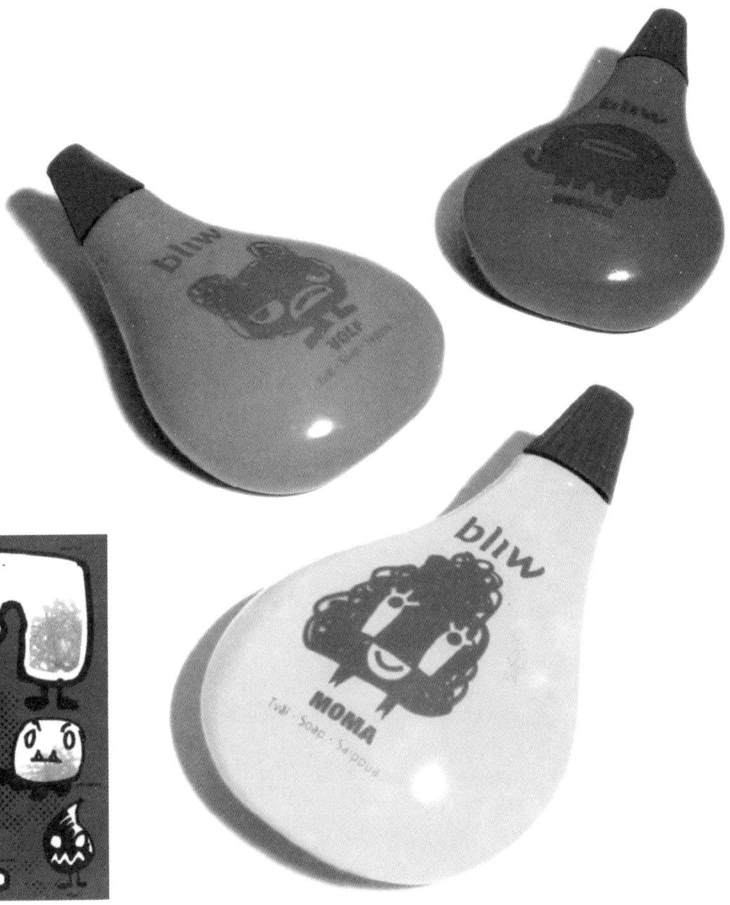

风格夸张奇特的SWEDEN GRAPHICS

BLIW系列包装

（1）时尚与个性

时尚和个性是永远联系在一块的。品牌形象、特殊风格以及商品包装物新颖的设计和独特创意甚至要比商品本身的使用价值还有影响力。因此，运用个性化商品包装，紧跟时代脉搏，关注时尚流行发展趋势，从品位、形象、潮流、时代入手，选择合适的定位，打造和别人不一样的包装形态。

瓷盘子包装

卡通化的饼干包装

把饼干组成爸爸、妈妈和孩子，一个温馨的家庭就活生生地出现了。饼干的甜美可口和家庭的温馨快乐有着异曲同工的妙趣。

小心点儿拉面

漫画人物放在普通的方便面的外包装上，顿时增加了情节性和趣味性。

Ok易拉罐

针对年轻人的饮品易拉罐包装，个性很强，迎合了这个群体的消费品位。

月饼包装

中国传统女性服饰的对襟盘扣被灵活地运用到包装盒上，也突出了传统文化的独特魅力。

（2）传统与个性

传统与个性是矛盾的，但矛盾本身就是对立和统一的共同体，因此在传统的元素中再发现拓展，却是个性化设计的一个重要灵感来源。

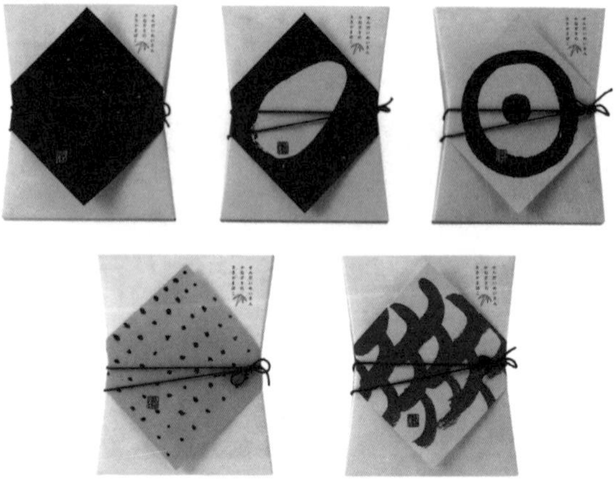

食品类包装

传统元素在商品包装上的运用让商品增加了浓郁的传统文化气息。

肉饼包装

蓝花蜡染布面，红色的封纸，连盒子都效仿了最传统的工艺糊制手法。

民族和地域文化特色永远是可以汲取灵感的宝库，这种特色是由消费者审美倾向与历史沉淀共同决定的。设计应对产品结构及特点加以研究，在表现商品内在文化信息上作组合处理，再进行抽象地提取，加入现代的因素再展现出来，而不是单靠寻找图、文、色的组合形式。

4．动态商品包装

日本TORSI公司最近推出一种新型透明玻璃包装纸，用于包装生鲜果品，能适应不同的商品包装形态，抑制它们的熟化过程。不仅使商品包装形态处于不断变化着的动态状态，同时可使长距离运输这类食品变得容易，减少损耗，减少防腐剂的使用量，降低成本。

动态纸袋可作多种富有变化的纸包装，纸袋中的搭扣、拎扣、袋中袋可以移动填充盛物之间的空隙，调整盛物摇晃而产生的重量，吸收震动，保护所盛物免于在运输中损害，比使用任何其他的支撑填充保护物效果更好。

尤物鲜奶酪包装

第三节 商品包装的功能与作用

商品包装有两点最基本的功能：一是保护物体、二是承载信息。

一、保护功能

保护商品是商品包装的主要功能，避免商品在流通过程中受到外来的各种物理的、化学的损害和影响，在存放过程中免受挤压、防止变形变质，如仓库中大的木制外包装箱；流通过程中不易破损；使用过程中方便快捷等等。不同的商品属性要制作不同的包装类型，因此包装要承受重量、温度、湿度变化的考验，还要考虑到避光、真空保鲜、冷藏、防腐蚀等措施，一些特殊商品更要考虑到防菌、防辐射或挥发等因素。

玻璃杯包装

瓦楞纸被广泛应用于玻璃等易碎品的外包装。如图所示，包装最合理地保护了杯子，又节约材料和空间。

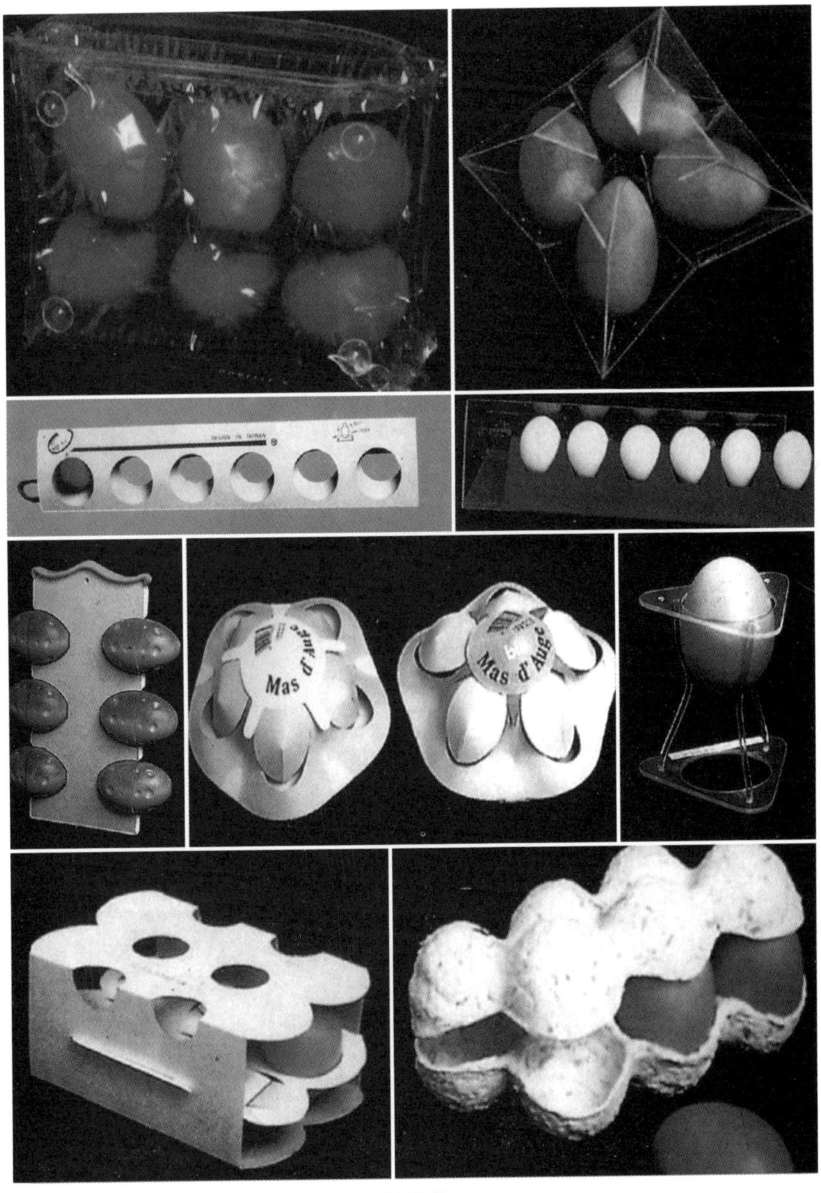

鸡蛋包装

存放鸡蛋的包装既要防摔防压，又要拿取方便。商品的特质决定了包装材料的相对不变性。

啤酒包装
防震荡，容易堆积。

纸箱
防水、防潮。

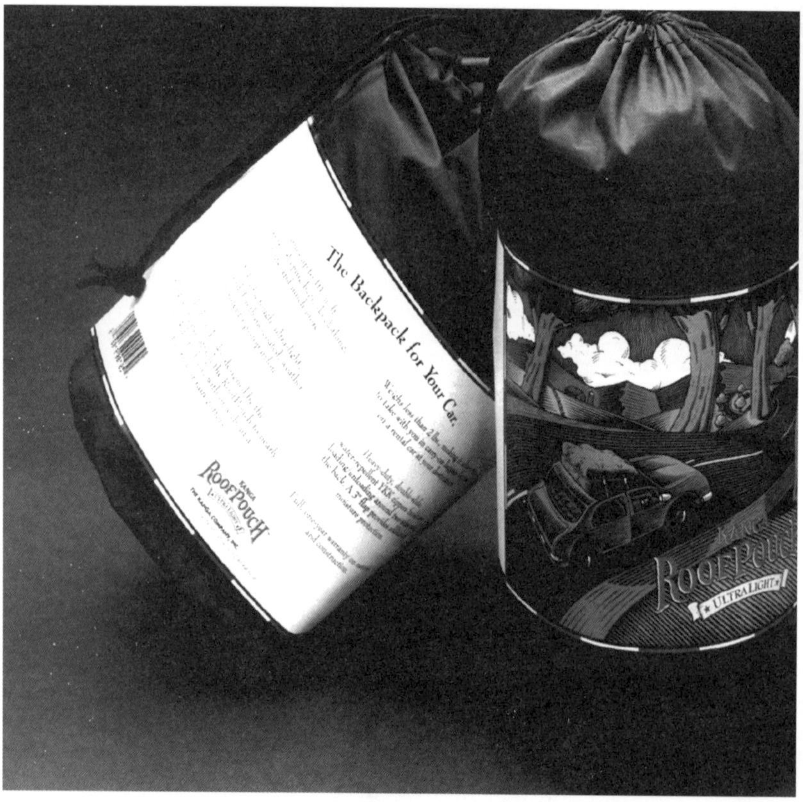

相机包装

袋子
布质包装袋可防止温度的冷热变化。温度的激烈变化会产生热胀冷缩，从而造成商品包装和产品变形、干裂、破损。

酒
防晒、防紫外线。

二、 便利功能

生活的快节奏让现代人更热衷于使用那些不费吹灰之力的商品，如易拉罐之所以行销不衰就是因为这种器皿既保鲜又方便：那“啪”的一声脆响，给消费者带来的还有品质、信誉的保证和一刹那的快感。有些商品不能一次性用完，像茶叶、药品、食品等，就要考虑到商品包装的重复使用。还有些商品有一定的重量，像小家电、组装饮料等等，就要考虑采用手提式的商品包装结构，以便于消费者携带。商品使用便利的后面其实蕴藏着设计师的智慧和心血。我们大都有过用螺丝刀和菜刀等工具开启铁皮罐头的经历，甚至你还曾经被弄伤过手，这些商品包装现在看来太缺乏人性关怀了。现在许多罐头配上了开罐器，有的采用了便于开启的方式，这些都进一步体现了服务于消费者的理念。商品包装设计中“以人为本”的原则不仅是对“上帝”们的尊重、关心，在现代激烈的市场竞争中，也是争取消费者、提高效益的最有效途径之一。

花生油

使用便利是消费者最为关注的特性之一。这款食用油的包装可谓“以人为本”，采用环保的铁皮包装既利于油的存放，又不占用太多的空间。包装的图案和文字信息巧妙融合，形象地表达了商品的特点，增加了趣味性。

用毛巾或布包裹的包装方法

听装啤酒用这种包装方式非常轻便快捷

三、促销功能

超级商场里商品琳琅满目，可谓“乱花渐欲迷人眼”。并且同类产品还“冤家路窄”地堆在一起，谁更醒目、更具吸引力和说服力，将会由消费者从相互比较中来断定。这时，商品包装就成了商品与消费者之间沟通的媒介，其促销作用尽显无遗。

一般来说，商品包装的商品性由两方面来体现，一是以独特、美观、适用的外形结构来吸引消费者，通常称其为结构设计；另一方面是指通过图形、色彩、文字的说明来说服顾客，通常称其为图形设计。

正确把握商品包装设计的诉求点可以充分表现出商品功能，起到引导消费行为的作用。以下几点是造成消费者对商品印象深刻的基本要素。

①外观的诉求（Packaging Appeal）：商品的外形、尺寸、设计风格。

②经济性诉求（Economical Appeal）：价格、形状。

③安全性诉求（Safety Appeal）：成分、色彩、信誉。

④品质感诉求（Glamour Appeal）：时尚性。

⑤特殊性诉求（Exceptional Appeal）：个性化、流行性。

⑥所属性诉求（Quality Appeal）：性别、职业、年龄、收入等。

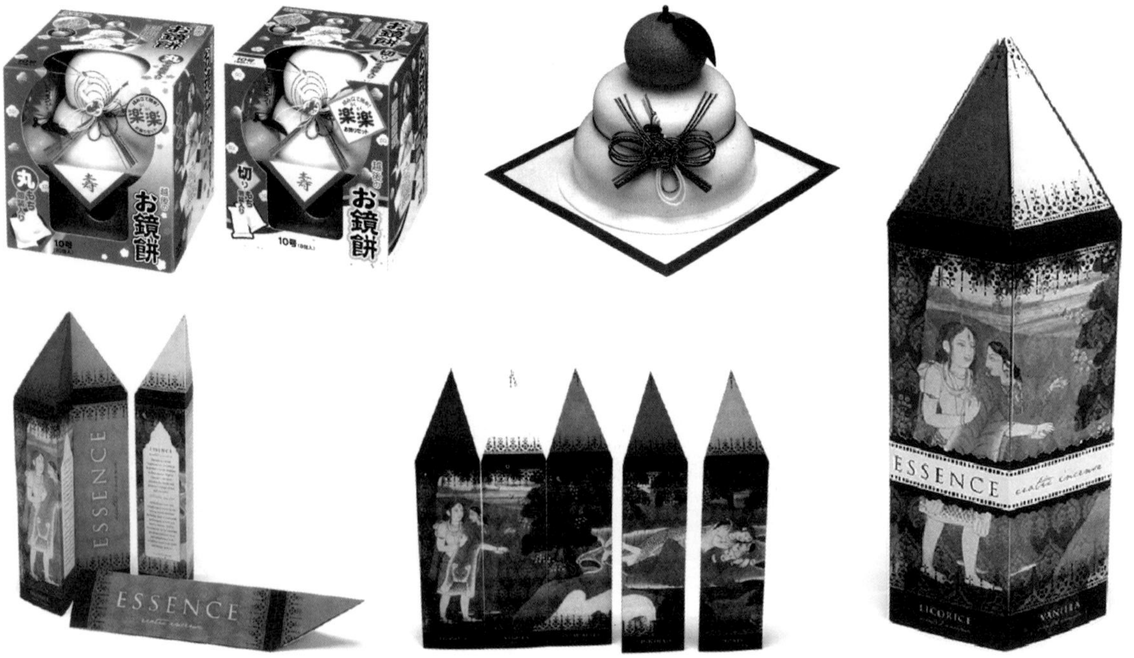

几款富有民族特色的包装

富有民族特色的图案，加上巧妙的折叠方式围合而成的建筑样式的包装，让人耳目一新，留下深刻印象。

第四节　商品包装的分类

商品包装容器按形状分类，可分为商品包装箱、商品包装桶、商品包装袋、商品包装包、商品包装筐、商品包装捆、商品包装坛、商品包装罐、商品包装缸、商品包装瓶等。按使用材料分类，可分为商品木箱包装、商品纸盒包装、商品瓦楞纸箱包装、商品塑胶类包装、商品金属包装、商品玻璃包装、商品陶瓷制品包装、商品复合材料包装、商品织物包装等多种。

商品包装依据不同的类别有很多种分法，从设计的角度大概可概括为以下几种。

一、食品类包装

食品包括的门类很多，如肉类、谷类、小食品类、调味品类、饮品类等等。包装与人的健康乃至生命息息相关，所以必须明确生产日期以及有效期 、容量、添加物等。 从设计的角度考虑可通过形式、色彩来提高食品的附加值，刺激消费者的购买欲望。但需要注意的一点是，在色彩上尽量避开使用黑色，因为黑色容易让人联想到毒品或有安全隐患的东西。

保健品包装

茶叶包装

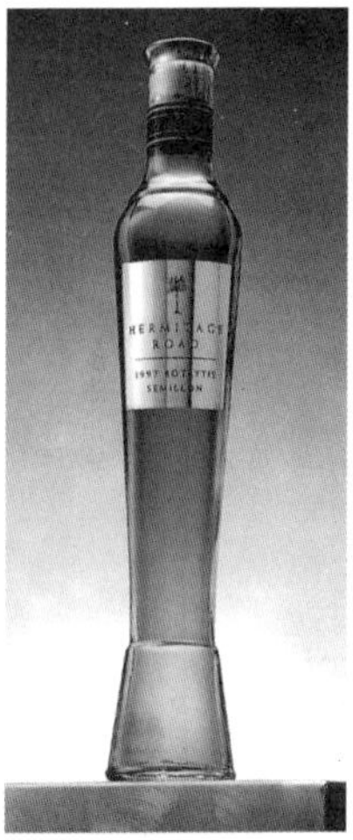

饮料包装

系列乳制品

根据液体、固体等形态的不同包装成不同的形状，颜色和形式非常统一。

咖啡包装

同是咖啡，但包装风格不同，给人的直观感受就大不一样。上图为田园风格；而下图通过金属材质的巧妙运用，彰显出工业时代的酷感。

这类商品包装应具备两点特征。

①引起消费者的食欲感。

②要刻意突出产品形象，如巧克力包装应用暖色系列的颜色和图形，让人看到就能感到身心愉悦，进而有品尝它的愿望。矿泉水包装宜采用天蓝色，暗示凉爽和清纯，并用全透明的塑料瓶，充分显示产品的特征。

酒包装

这个系列的酒包装采用黑色和金色的完美组合，显示出了产品的气质，既有个性又有品位。

糖果包装

糖果包装

饮用水包装

二、日常生活用品类包装

日常生活用品包括化妆品、护肤品、卫生防护用品等。这类商品定位于大众化市场，其包装设计要求有以下几点。

①要显示出易于亲近的气氛感；

②要表现出商品的优质感；

③能使消费者在短时间内辨别出该品牌。

其中，化妆品包装设计受到时尚流行的影响最大。

从视觉认知的角度来看，化妆品的包装风格依据年龄与性别及对化妆品的不同要求来进行定位。

雅芳系列包装

雅芳原有包装

雅芳新包装

在这个新设计中，雅芳彩妆系列摆脱了原有的模式而凸显一些棱角，纤细的文字以及金属质感的深蓝色和白金装饰给人一种知性美。

蛋形包装
蛋形的包装设计加上磨砂的质感，犹如女性的皮肤。

佐藤洋二作品
女性的柔美来源于自然的恩赐，就像同样来自于自然的花草。

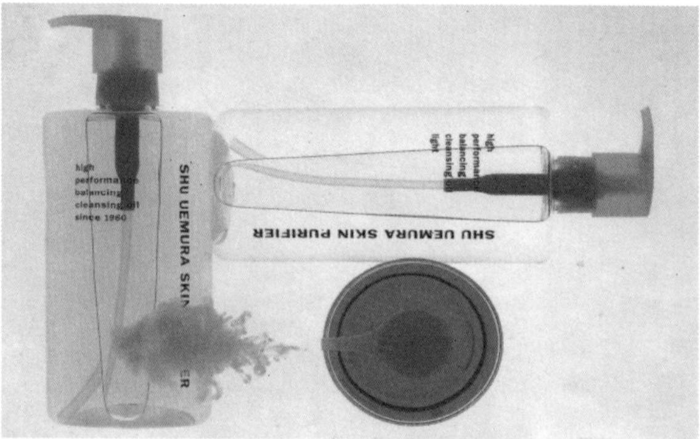

化妆品包装
透明的质感给人健康、纯洁的印象。

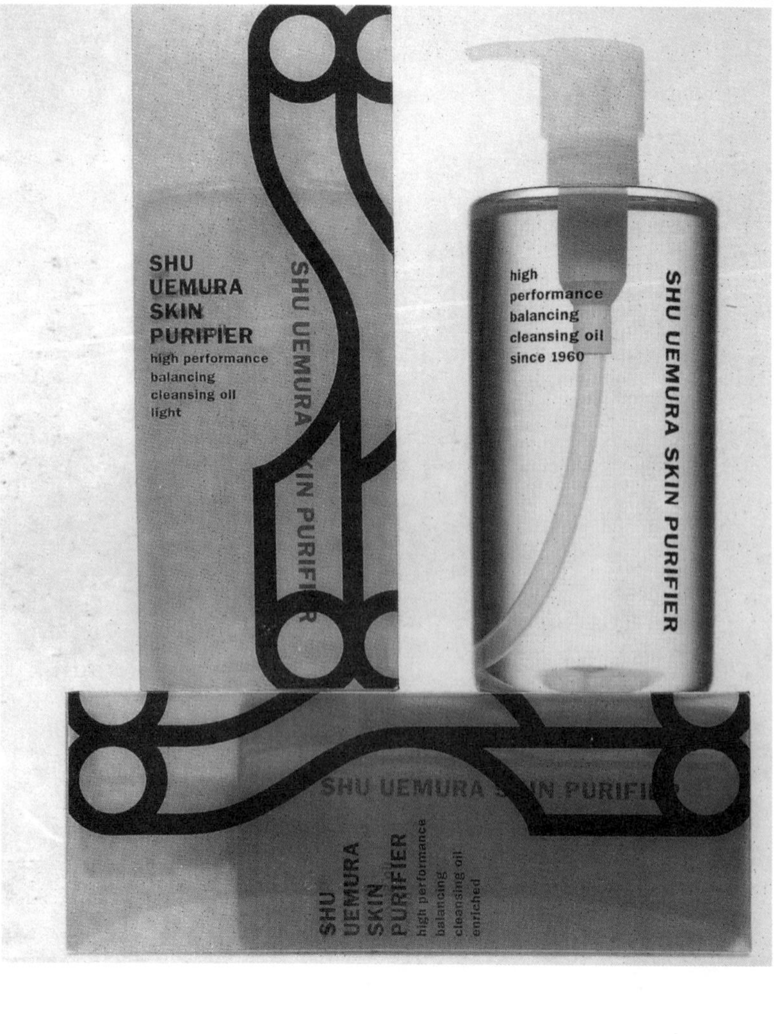

化妆品包装
曲线可以充分表达女人似水般的柔性。

根据国内外市场的成功经验，对高收入者使用的高档日用消费品的包装多采用单纯、清晰的画面，柔和、淡雅的色彩及上等的材质原料；对低收入者使用的低档日用消费品，则多采用明显、鲜艳的色彩与画面，再用“经济实惠”之词加以表示。这都是为了使产品信息准确地传达给消费者，使消费者理解所用化妆品。化妆品包装尤其是女性化妆品种类繁多。随着化妆品市场的竞争越来越激烈，各化妆品商家为扩大自己产品的销售份额，更是费尽心思，在化妆品的包装、宣传上下足功夫。

化妆品的功能和作用越来越细化，并且具有综合功能的化妆品越来越多，档次差异十分明显，包装设计形式令人眼花缭乱；同时，各商家为了更好地宣传自己的产品，对化妆品进行了各自不同的、适合自身特点的分类与包装。

化妆品的名称繁多，功能各异，但就其外部形态和包装的适应性来看，主要有以下几类：固体化妆品、固态颗粒状（粉状）化妆品、液体及乳液状化妆品、膏状化妆品等。

1. 固体化妆品的包装

固体化妆品的种类相对较少，主要有眉笔、粉饼、各类唇膏等。这类化妆品的包装较简单。

2. 固态颗粒状（粉状）化妆品的包装

这类化妆品主要有散粉、爽身粉等颗粒状（粉状）产品，常采用的包装方式主要有纸盒、复合纸盒（多采用圆柱状盒形）、玻璃瓶（广口、小型）、金属盒、塑料盒、塑料瓶（广口、小型）、复合薄膜袋等。一般情况下，包装容器要进行精美的装潢印刷。同时，在采用塑料和金属容器包装时，常常用印刷精美的纸盒与之相配合。

3. 液体、乳液状化妆品和膏状化妆品的包装

在所有化妆品中，这类化妆品的种类和数量最多，包装形式十分繁多，主要有各种造型和规格的塑料瓶（一般要经过精美的装潢印刷），塑料袋的复合薄膜袋（常用于化妆品的经济袋或较低档的化妆品包装），各种造型和规格的玻璃瓶（包括广口瓶和窄口瓶，一般用于较高档化妆品或易挥发、易渗透、含有机溶剂的化妆品包装，如指甲油、染发水、香水、爽肤水等包装）。对于上述这些包装形式，有时还采用与彩印纸盒相配合的方式，共同组成化妆品的销售包装，以提高化妆品的档次。

4. 化妆品的喷雾包装

化妆品的喷雾包装应具有准确、简便、卫生、有效、按需定量取用等优点。它常用于较高档化妆品和要求定向、定量取用的化妆品。采用这种包装形式的有发用摩丝、喷发胶等化妆品。常用的喷雾包装容器主要有金属喷雾罐、玻璃喷雾罐和塑料喷雾罐等。

三、医药保健品类包装

药品与人的健康与生命息息相关，设计的普遍性较强，通常不会受流行趋势的影响。

系列化包装设计

是指以统一的商标图案及文字字体为前提，以不同色调、水纹或不同造型结构为基调进行的同一类别的商品包装设计，要求同中有异、异中有同，既有多样化，又有整体感。

化妆品包装

对于高档化妆品或易挥发、易散失香味的化妆品，如香水等，一般还是采用玻璃瓶进行包装。

天夫膏包装

我国药品包装增长迅速，中国现有制药企业4 000多家，医药工业总产值近6 000亿元。据有关方面预测，“十一五”期间，国内药品市场年增长率将达到13%至17%，势必为包装印刷领域带来巨大的发展空间。

目前，我国药品包装印刷行业大约拥有2 000家企业，能生产6大类30余种药品包装材料，基本上能满足国内制药工业的需求。未来五年，包装印刷在制药总产值中的比例将由现在的13.7%提升到25%左右。

目前，我国已有一批药材包装印刷大型企业和生产基地，如连云港的中金、广东庵埠、河北雄县、江苏江阴、浙江龙港等。国内一些制药企业的药品包装材料现采用的仍是纸制品居多（折迭纸盒、纸箱等），易受潮、沾灰尘。而国际上已采用比较先进的热收缩膜包装。这种包装强度高、透明度好、美观、防潮、防尘，而且成本较低。

入世后，我国的药品已融入全球化的市场竞争之中。随着人们生活水准的提高，对药品包装品质的要求也将愈来愈高，改进药品包装势在必行。

下面以药品“复力通”为例，探讨医药类包装的设计原则。

1．符合市场需求定位

复力通胶囊作为保健类药品，其包装目的是商业销售；商业的目的是创造价值，是盈利。所以包装作为商品的一部分必须符合市场，它不是一件艺术品，它是实实在在的商品。做的包装设计应在符合市场条件下进行美化，要分清设计的主次。

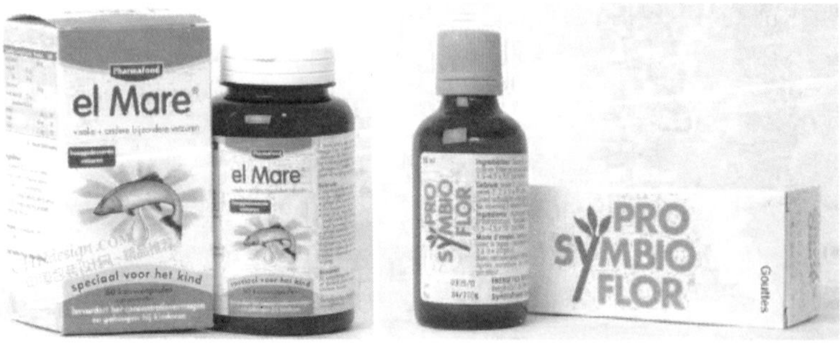

“复力通”药品包装

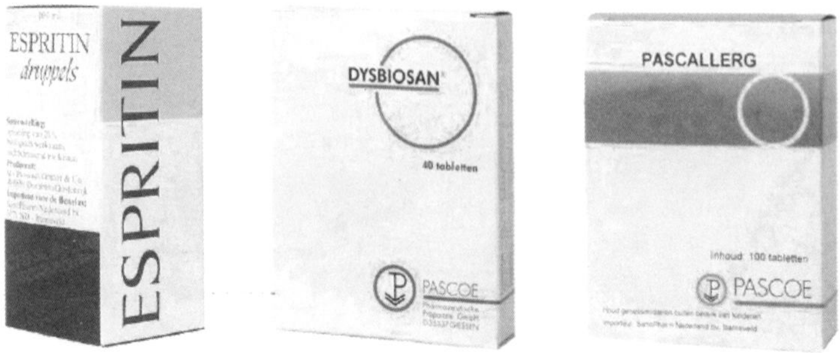

保健药品包装

药品包装要保证信息的准确性和如实性，为此要将信息简明扼要地写在药品包装上，颜色多采用单色或纯度较高或明度较高的蓝绿色调。蓝色代表了纯净、绿色代表了健康。同样，在使用黑色时一定要慎重，因为黑色有死亡和晦气的寓意。

药品包装

包装造型简单，容易携带，色彩简洁大方，给人以稳重、信任感。文字清晰、工整，容易认读。

2．符合产品价格定位

产品的价格决定产品的档次，包装设计要与产品的档次相符，切不可出现用低档次的包装设计来支撑高档次的产品价位，亦不可用高档次的包装设计来带动低档次的产品。凡事要有个度，否则就会不伦不类，事与愿违。

3．符合目标消费者定位

包装设计的前期要对其目标消费者进行分析，什么样的药就有什么样的患者买，其包装相当于消费者的穿衣选择，所以复力通胶囊的包装设计要符合消费者的个性特点，符合保健药品的设计要求。

4．符合品牌内涵定位

品牌是产品多年文化的积累，是产品属性的来源，是产品品质的保障，其品牌内涵应该是持续成长的，而不是今天是这样，明天就推翻变成那样了。所以包装设计应该与品牌理念及内涵相一致，与品牌延伸方向相匹配。

5．符合产品包装延续性原则

任何产品的包装都具备其统一性与延续性，这不但是一个形象问题，也是一个传播问题。所以包装设计应该具备这样的特点，消费者看到包装就能联想到其品牌，在包装上体现其系列产品的特性和共性。复力通胶囊的外包装设计系列做成延续系列产品，在传播上有很强的视觉冲击力。

中华民族渊源的药文化，造就了对药类产品的深刻认知与认同。当今竞争局面的来临，对包装设计也有了更新、更高的要求，一款小小的包装设计将直接影响到一个品牌的传播与存亡。

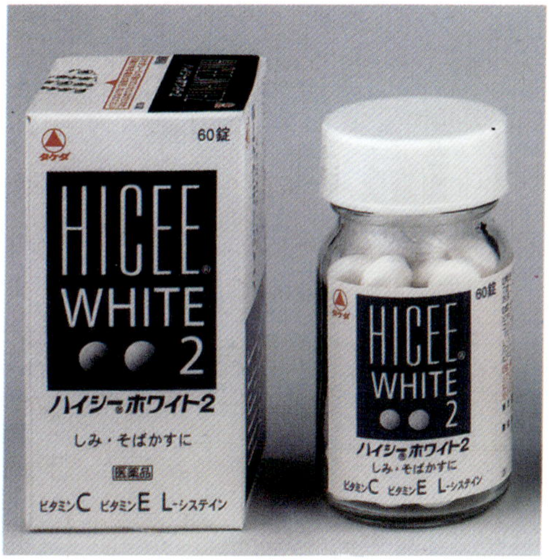

药品包装

眼药水包装

四、工业电子类包装

这类产品包括家电类工业产品，像电视机、电冰箱、电脑等。这些商品科技含量高，结构精密，首先应考虑其不能磕碰，因此安全和有效的保护是放在第一位的。

而小型的工业产品则可以在满足功能的基础上增加包装的趣味性，像剃须刀，简洁、安全、人性化的包装可以让人精神上更愉悦、更放松。

索尼PS3包装

索尼相机盒子

数码电子产品包装主要是电脑主板的包装，硬盘的包装，数码相机的包装，MP3、U盘的包装，墨盒包装等等。要为数码电子产品选择一个最理想的包装，首先就必须要了解将被包装的数码电子产品易损度。因为理想的包装设计就是要根据被包装产品易损度的大小以及包装件所要经受的流通环境条件，来选择适当的缓冲保护材料，对内装数码电子产品加以保护，使其在流通中能够经受住一些意外，从而达到保护产品的目的。并且在设计此类数码电子产品的包装时，为了充分地体现其产品所具有的独特个性，体现出数码电子产品的科技感、时尚感、年轻感，还需要优质的包装材料，以提升其科技含量，同时还要注重特种印刷工艺的运用。

在色彩方面，尽量设计出符合数码电子产品身份的色彩，以提高产品在销售中的竞争力，这对拓展销售市场方面起着极大的推动作用。

文字内容应有品牌名称、商品名称、广告用语、说明文字等。品牌名称是指商品的商标；商品名称是指被包装物品的名称；广告语是促销商品的辅助用语。以上三种文字一般放在包装的主要展示面上，大多采用极富个性化的字体。说明文字包括品质说明、使用说明、成分、主要性能，公司名称、地址、电话等，一般放在包装的侧面，或单独制成小册装在包装盒内。这些多采用规范化的印刷字体，字体笔画的过粗或过细都会影响印刷后的可视性，同时也不宜选择变化较大的字体，否则会影响可读性。

数码电子产品包装上的图形主要是产品形象、标志和品牌形象及装饰性图形。采用摄影图片的最大特点就是能够逼真、准确地再现产品的质感和形状，实现意象的传达。

小型相机包装

小型相机的包装简单大方，部分地方采用镂空方法，从外包装就可以看到相机本身。

五、玩具类包装

玩具包括布绒玩具、机械玩具、电动玩具、塑料玩具、充气玩具、木制玩具等多种类别。现代玩具工业的发展经历了以下几个阶段。20世纪50年代，由于塑料的出现，塑料玩具代替了木制玩具。到70年代，电子玩具的出现已成为玩具的发展潮流。为吸引儿童的爱好和兴趣，玩具工业商家千方百计地不断更新品种。80年代末，两家日本玩具商SEGA和NINTENDO抢先推出托架玩具，行销一时。现在，美国的MATTEL和HASBRO公司、日本的BANDAI公司和丹麦LEGO公司等几家世界大型玩具生产商从传统产品中脱颖而出，转产电子游戏。2000年电子游戏已占世界玩具总营业额695亿美元的21.1%的份额。为应对多媒体的挑战，抢占市场，这些公司又捷足先登，研发智能玩具。作为玩具类商品的包装除了具有一般类商品设计的要求外，由于受到消费群体自身特点的制约，在商品文字说明上要多加注意。例如国际进出口玩具管理规定上就对玩具包装做出明确要求：出口玩具生产企业应在商品外包装上清晰地印上商检批次编号等。

玩具包装

玩具包装

六、旅游用品类包装

这类商品包括：观光纪念品，如结合旅游目的地（包括景区点、城市特色等）而开发的具有纪念意义的作品；工艺美术品，如日用工艺品和陈设工艺品，包括菊花石雕类、湘绣类、陶瓷类、珠宝类、蜡染织锦类、剪纸类、竹木雕刻类、现代工艺类等；文化艺术品，如文物复制品、民间艺术品、邮册、文房四宝、文物古玩、金石字画等；土特产品，诸如本地出产的具有浓郁地方特色的产品，包括茗茶、特色食品及其他农副产品。

这类商品包装的设计原则是从质量上要保持精品包装品质；从形式内容上要体现地方特色和文化内涵；从功能上要注重方便性、实用性、快捷性。

此类商品的包装必须体现“小、轻、快、灵”四个字，易于携带、易于保管。法国依云矿泉水为开发旅游用品，在1999年重新进行了包装设计，依据是很多消费者希望产品能在走路时方便携带，又有时尚的外观。新包装在瓶子中间有一个手纹凹陷，方便携带；顶部的拉环与一只吸管相连，方便饮用。这种设计打破大多瓶装水的设计，把瓶口放在瓶子顶端的一侧。该设计被认为是第一次从消费者的角度去考虑、去设计，既实用又美观的创意体现了设计上深层次的人文内涵。该包装上市后倍受欢迎，被认为是外出旅游的贴身伴侣。因此可以说包装不仅体现了一种深层次的人文内涵，而且对建立消费者品牌的偏好度和忠诚度有着潜移默化的巨大作用。

法国依云矿泉水

第二章 商品包装设计的要素与形式

SHANGPINBAOZHUANGSHEJIDEYAOSUYUXINGSHI

第一节 商品包装设计的要素

商品包装设计的要素包括三个方面：形式、颜色、版式。

一、形

形要素就是商品包装展示面的外形，包括展示面的大小、尺寸和形状。日常生活中我们所见到的形态有三种，即自然形态、人造形态和偶发形态。但我们在研究产品的形态构成时，必须找到一种适用于任何性质的形态，即把共同的、规律性的东西抽出来。

形态是由点、线、面、体这几种要素构成的。商品包装的形态主要有圆柱体类、长方体类、圆锥体类及其他类型。奇特的视觉形态往往能给消费者留下深刻的印象。商品包装设计者必须熟悉形态要素本身的特性及其表情，并以此作为表现形式美的素材。

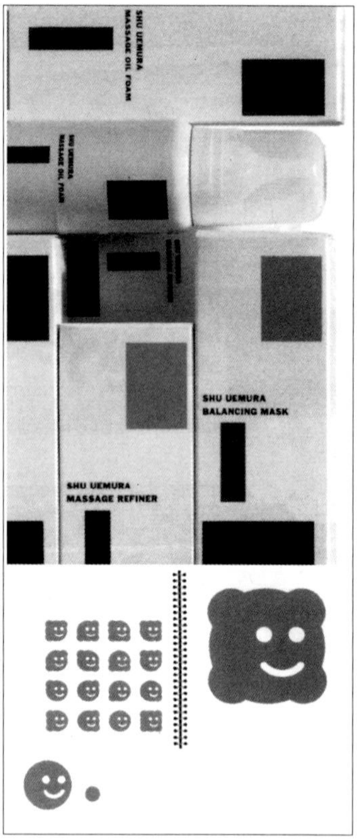

重复、渐变、特异、发射是平面构成的四个基本形式

uno系列包装

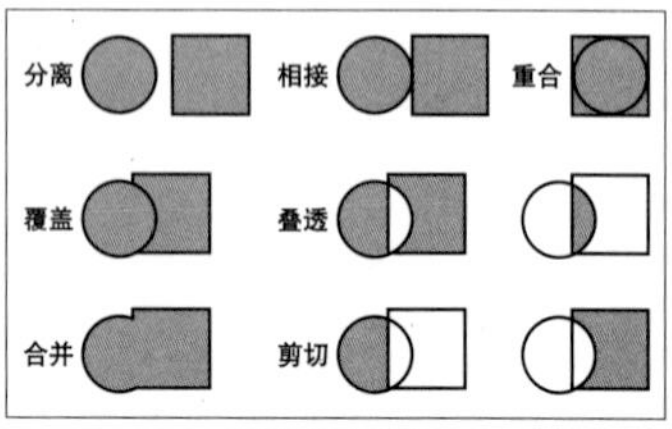

元素基本关系

分离、相接、相交，相交又分为覆盖、重合、合并、叠透、剪切。

我们在考虑商品包装设计的外形要素时，还必须从形式美法则的角度去认识它。应按照商品包装设计的形式美法则结合产品自身功能的特点，将各种因素有机、自然地结合起来，以求得完美统一的设计形象。商品包装外形要素的形式美法则主要从以下8个方面加以考虑。

①对称与均衡法则；

②安定与轻巧法则；

③对比与调和法则；

④重复与呼应法则；

⑤节奏与韵律法则；

⑥比拟与联想法则；

⑦比例与尺度法则；

⑧统一与变化法则。

装饰图形分为具象和抽象两种表现手法。具象的人物、风景、动物或植物的纹样作为包装的象征性图形可用来表现包装的内容物及其属性。抽象的手法多用于写意，采用抽象的点、线、面的几何形纹样、色块或肌理效果构成画面，简练、醒目，具有形式感，也是包装装潢的主要表现手法。通常，具象形态与抽象表现手法在包装装潢设计中并非孤立的，而是相互结合的。

内容和形式的辩证统一是图形设计中的普遍规律。在设计过程中，根据图形内容的需要，选择相应的图形表现技法，使图形设计达到形式和内容的统一，创造出反映时代精神、民族风貌和适用、经济、美观的装潢设计作品是对包装设计者的基本要求。

香烟包装

虎牌服装

瑞典虎牌服装将点与线运用得恰到好处。

化妆品系列包装

1．抽象图形

抽象图形是指用点形变化、线形变化和面形变化，将商品具体形象进行提炼、概括，表达一种含蓄的、神似的内在特性的语义。抽象图形具有广阔的表现空间，在包装画面的表现上有很大的发挥潜力。抽象图形虽然没有直接的含义，但是同样可以传达一定的信息，引导观者的联想与感受。

VANITY系列包装

2．具象图形

具象图形包括摄影图片、写实绘画图形等。

①摄影图片：它是一种直接的形象语言，能真实地表达产品形象，以逼真的形象语言使商品具有高度的视觉冲击力，当今在包装上的应用已日渐广泛。摄影图形除写实表现外，还可以采用特殊处理手段，形成多种图形效果。

②写实绘画图形：摄影不能代替绘画手段，而所谓写实绘画也不是纯客观地写实，而是根据表现要求对所要表现的对象加以有所取舍的主观选择，使形象比实物更加单纯、完美。

罐头包装

纪实性的照片仿佛在叙述故事，食品和人物会在第一时间打动消费者。

二、色

色即是包装设计的表情与知觉。色彩设计在商业包装设计中占有重要的位置，是美化和突出产品的重要因素。商业包装色彩的运用与整个画面设计的构思紧密联系，要求平面化、匀整化，这是对色彩的过滤、提炼的高度概括。商业包装色彩以人们对色彩的联想习惯为依据，进行高度的夸张和变色，这是商业包装艺术的一种手段。同时，商业包装的色彩还必须考虑到工艺、材料、用途和销售地区等因素。

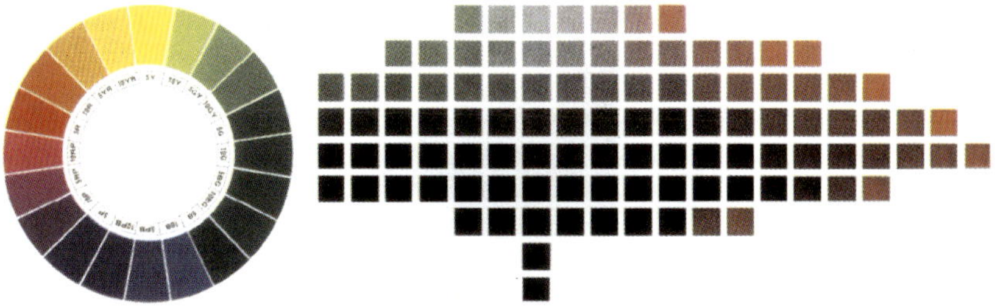

配色色盘

不同色系在包装中的应用

商业包装设计的色彩要求醒目，对比强烈，有较强的吸引力和竞争力，以唤起消费者的购买欲望，促进销售。例如，食品类常用鲜明丰富的色调，以暖色为主，突出食品的新鲜、营养和味觉；医药类适合单纯的冷暖色调；化妆品类常用柔和的中间色调；小五金、机械工具类常用蓝、黑及其他沉着的色块，以体现坚实、精密和耐用的特点；儿童玩具类常用鲜艳夺目的纯色和冷暖对比强烈的各种色块，以迎合儿童的心理和爱好；体育用品类多采用鲜明响亮的色块，以增加活跃、运动的感觉等等。不同的商品有不同的特点与属性，设计者要研究消费者的习惯和爱好以及国际、国内流行色的变化趋势，以不断增强色彩的社会学和消费心理学意识。

此外，无彩色在商业包装设计中也被广泛应用。日本色彩学专家大智浩，曾对包装的色彩设计做过深入的研究，他在《色彩设计基础》一书中曾对包装的色彩设计提出如下8点要求。

①包装色彩能否在竞争商品中有清楚的识别性；

②是否很好地象征着商品内容；

③色彩是否与其他设计因素和谐统一，有效地表示商品的品质与分量；

④是否为商品购买阶层所接受；

⑤是否具较高的明视度，并能对文字有很好的衬托作用；

⑥单个包装的效果与多个包装的叠放效果如何；

⑦色彩在不同市场、不同陈列环境是否都充满活力；

⑧商品的色彩是否不受色彩管理与印刷的限制，效果如一。

100%Chocolate Cafe

100%Chocolate Cafe在东京以及国际、国内流行色的变化趋势，以不断增强色彩的社会学和消费心理学意识。

100%Chocolate Cafe

100%Chocolate Cafe在东京商店里出售有56种不同的颜色。这些纯度、明度高的包装色彩足以满足不同人的色彩喜好。

三、版面编排

商品包装可以没有图形，但不能没有文字。商品的许多信息内容，唯有通过文字才能准确传达，例如商品名称、容量、批号、使用方法、生产日期等。

文字在商品包装中同时起着两个作用：一是文字对商品内容的说明作用；二是文字字体对商品形象的表现作用。包装设计在通过字体的形象来表现设计内容时，它的任务也有两个：一是选择或设计适合表现设计内容的各种文字字体；二是处理好它们相互间的主次关系与秩序。

文字是包装设计中的一个重要的组成部分，是最直接的销售手段。在包装产品上，人们依然凭借着文字去正确认识、理解产品的品牌及相关内容和使用方法。

巧克力系列包装

文字作为产品介绍的重要媒体，运用得当，是包装促销成功的关键之一。现今的设计，内容的变化及形式的转换非常之快，文字设计亦必须顺应潮流，不断创新，特别是那些标题性的大字。在包装设计中，尤为突出的是文字商标与品牌。鉴于此，字体造型设计时有两点不可忽视：明确的认知度与独特的识别性。通过文字，消费者可以认识了解商品的信息等。无论是单体字还是组合字，设计中的文字都是符号，具有内容识别和形态识别的双重审美功能。

版面编排是设计的重点之一，适当的编排往往能达到事半功倍的视觉效果。

Chanles系列包装

包装文字除字体设计以外，文字的编排处理是形成包装形象的又一重要因素。编排处理不仅要注意字与字的关系，还应该注意行与行、组与组的关系。包装上的文字编排应在不同方向、位置及不同大小的面上进行整体考虑。因此，在形式上可以产生比一般书装和广告文字编排更为丰富的变化。包装文字编排设计的基本要求是根据内容物的属性及文字本身的主次，从整体出发，把握编排重点。所谓重点，不一定指某一局部，也可以是编排整体形象的一种趋势或特色。

编排形式是可以多变的，横排形式、竖排形式、圆排形式、适形形式、阶梯形式、参差形式、草排形式、集中形式、对应形式、重复形式、象形形式、轴心形式等。各种形式除单独运用外，也可以相互结合运用，并可在实际的编排中演变出更多的编排形式。

打火机包装

在编排中，除了注意粗细、字距、面积的调整外，行距与字距要有明显的区别。比较规范的文字编排一般是行距为字高的三分之四，如有装饰变化的文字组合可以灵活多变。

牛奶包装

牛奶是补充人体营养的佳品，卫生、干净、新鲜是对其最大的要求。因此这个牛奶的包装采用白底黑字，文字比图形突出。竖列排版规矩工整，传达信息明确，通过包装就能看出是让人放心的饮品。

在这里我们以瓶贴为例，介绍在文字编排时各种信息的排列方式。

瓶贴是立体包装的一部分，瓶贴上几种产品的直接信息（产品名称、商标、成分说明等）和间接信息（通过图形、色调和整体编排风格体现出的产品特色和品质），其中都包含了文字设计。

03 wax mousse 包装

Milk系列包装

第二节 商品包装设计的表现方式

一、手工模型

手工模型概括来讲分为以下几类：泥模、石膏模、树脂模、泡沫模、塑料模、木头模、金属模等。在包装设计的过程中，应该加强动手制作模型能力的训练。通过这一方法能够对容器的尺度、空间分隔及材料都有很好的认识。本书以石膏模型制作方法为例，加以介绍。

1. 手工制做法

在造型中有很多异型的设计，常常需要用手工制作。

（1）工具的置备

①工具刀：以壁纸刀代替即可，用来切削石膏等。

②有机片：普通有机片即可，在上面用壁纸刀划上经纬线。

③内外卡尺：用来测量尺寸。

④手锯：截锯石膏用。

⑤围筒：用油毡纸或铁皮或易卷起的塑料片均可。

可口可乐包装

⑥水磨砂纸：粗细各准备几张，石膏模型干后，用于表面打磨。

⑦乳胶：粘接造型的构件用。

⑧石膏粉：要求颗粒细，无杂质，用于制做模型或粘接构件用。

（2）制作方法

一般把造型分解制作，然后进行组合，如右上图的造型通常可以分成4个部分，进行分段制作。先根据尺寸用油纸围起直径与③部分相同的围筒，注入石膏，制作出高度、直径与③部分相同的石膏柱体(注意尺寸略有宽余为好)，然后，放在有机片上借水磨制出粗型。②部分的制作方法同③部分。①部分的制作是用上述办法做出与第①部分相同直径的石膏圆柱，然后根据厚度的需要用手锯切片，放在有机片上借水磨制出粗型。④部分的制作方法同①部分，待四个部分的粗型制完后可以趁湿用石膏将各部分粘接，也可以待干燥后用乳胶粘接。然后，待石膏干透后用细砂纸打磨精致即可。

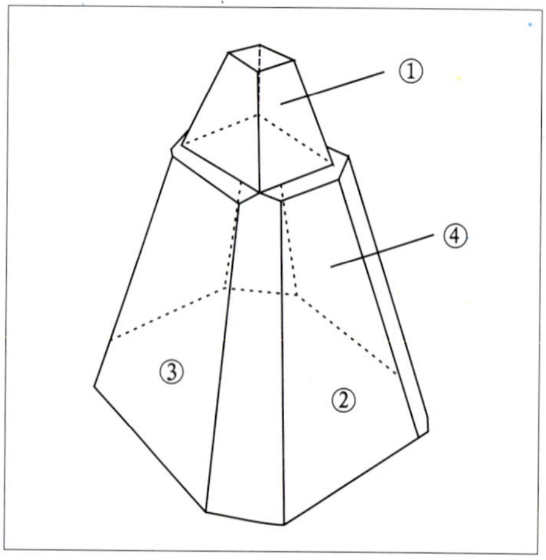

模型练习
BOSS男士香水瓶

机油包装

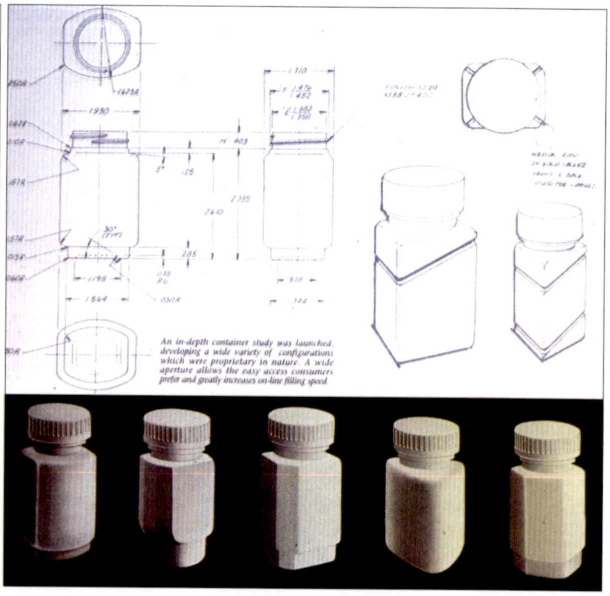

三视图和模型

2．机轮旋制法

机轮旋制法是一种常用的制模方法，但只局限为同心圆形的造型制做。

（1）工具的置备

①机轮、支棒、车刀、围筒。

②其他有卡尺，直尺，三角尺，铅笔，线绳，铁夹等。石膏粉要求颗粒细，无杂质。

（2）制作方法

先在机轮轮盘上做出石膏柱体。根据所要旋制的造型直径尺寸，用油毡卷出圆筒，尺寸要略有余地。将线绳和铁夹固定在轮盘上的同心圆周线上。再将1∶1.2的水和石膏调成浆状，注意流动性要好，以便排出气泡。把浮在上面的污物去掉，然后倒入围筒内，迅速用木条轻轻搅动或轻轻晃动轮盘，以便排出气泡。待石膏浆凝固还未硬结时，把围筒取下。迅速把柱体旋正，找出同心。然后把柱体的顶部旋平再找出造型的高度和最大直径。注意身体要正，操刀要稳。进刀不可太快，用力要均匀。多用刀尖，少用刀刃，可免跳刀现象。

最后线型的连续与转折等部位的处理要用锯条制成的修刀调整，要求严格，一丝不苟。

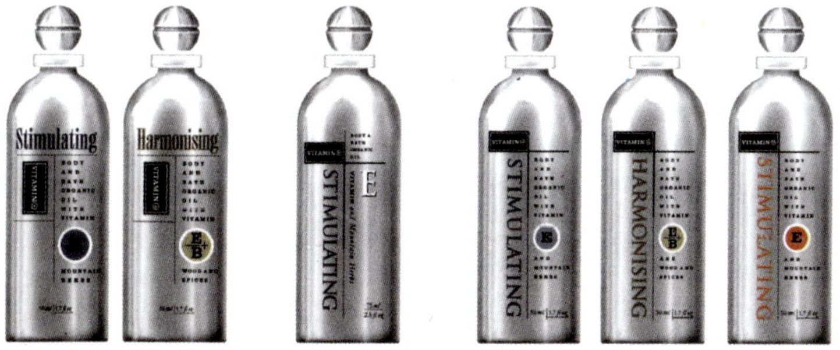

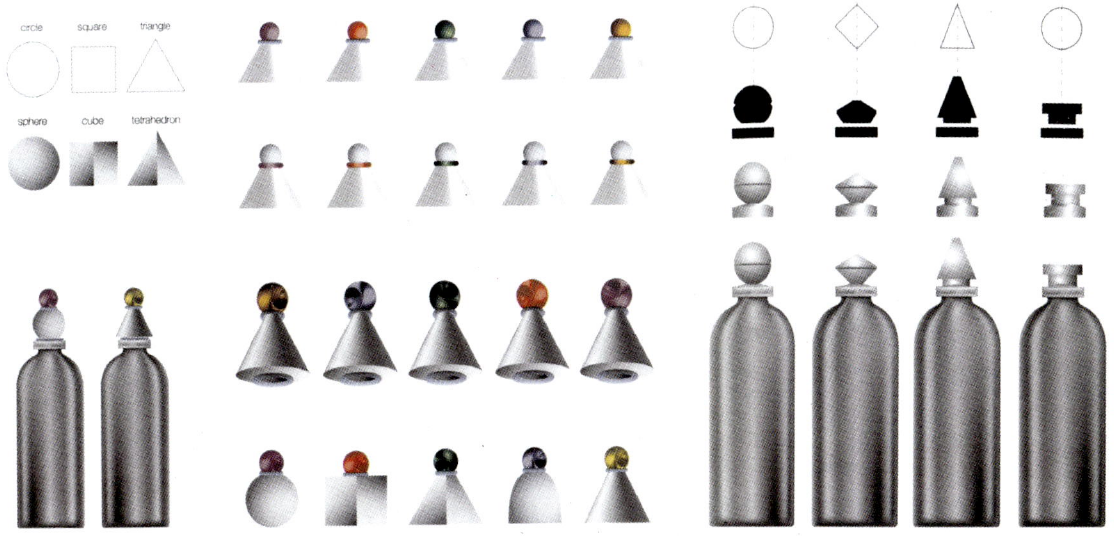

模型设计

二、手绘图纸

手绘表现是设计过程中一种特别重要的表现形式和手法。这种表现方法直观性强，欣赏趣味浓，是宣传、美化、推销商品的一种快捷手段。

PERRIER

DRAGON ROUGH小组为了千禧年而设计的瓶子手绘草图。该小组用很智慧的方法创造了可以收藏的瓶子系列。他们没有对产品进行重新改造就完成了PERRIER的品牌扩张。

总部设在伦敦的TurnerDuckworth是一家国际上领先的品牌与包装设计公司，由设计师Bruce与David Turner在1992年共同创建。

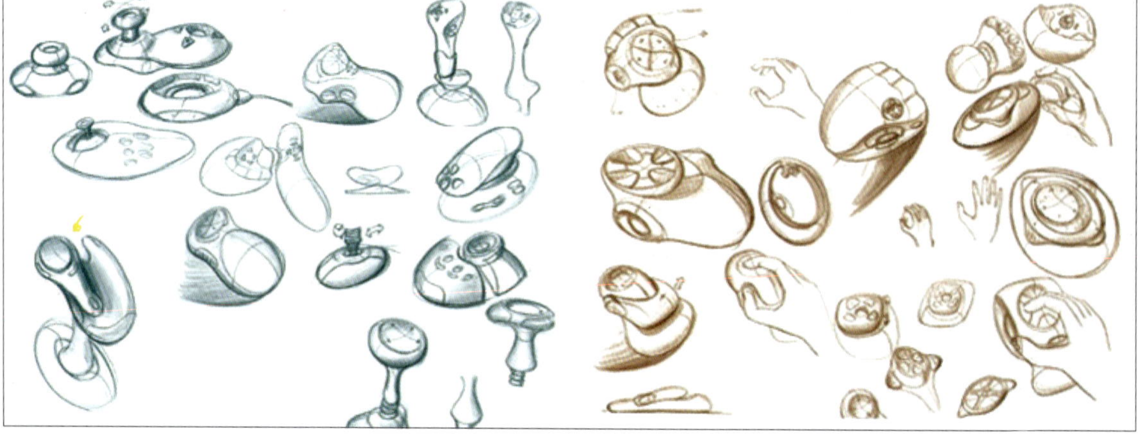

结构草图

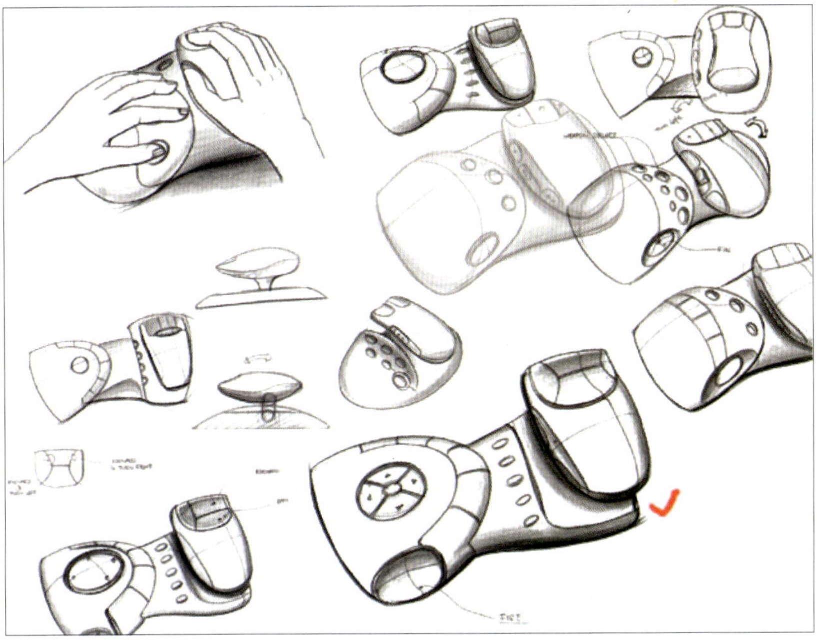

结构草图

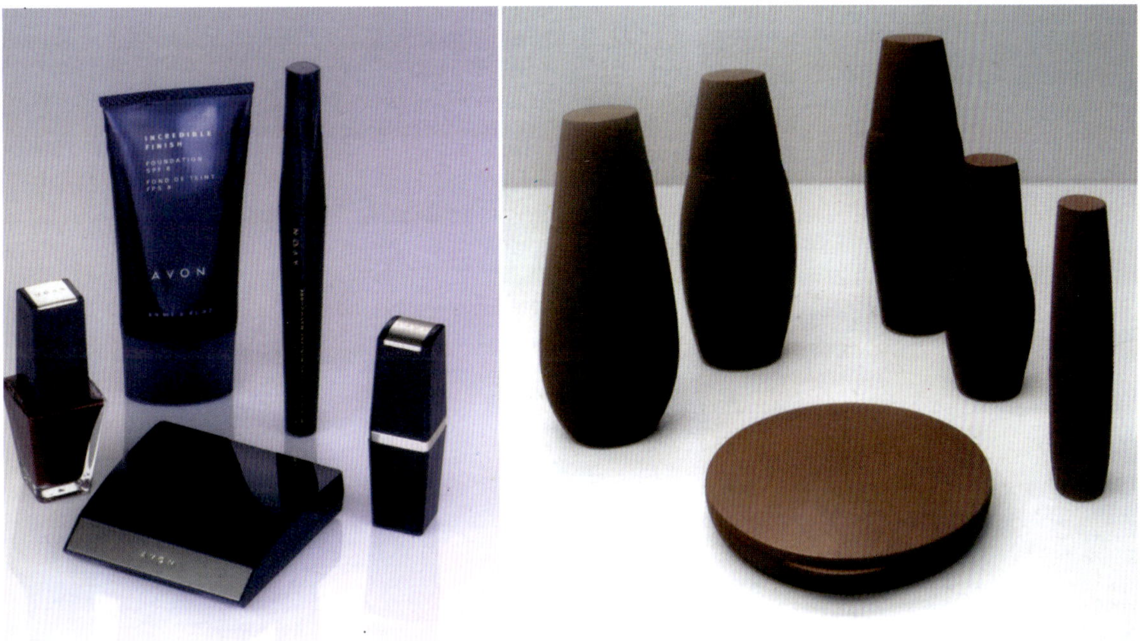

化妆品包装

三、计算机设计

计算机设计也是包装设计的手段与技能之一，要充分利用计算机绘图软件，如矢量软件CorelDraw、Freehand、Illustrator；绘图软件Photoshop、Painter；三维效果软件3D Studio Max等。通过熟练并交互运用这些现代化的制作手段，一方面，能够在虚拟逼真的状态中分析表达设计效果和创意；另一方面，可以在计算机绘制与手工制作方面各取所长，从虚拟到现实、从现实到虚拟，在不断创新实践中激发学生的创作灵感。

酒类包装

酒类包装

国际市场上较为流行的纸盒结构CAD软件，除具有常用交互式图形软件的基本功能（高质高速地完成图形的生成、编辑、修改、标注尺寸等）外，还能够满足纸盒设计的特殊要求，方便地调用盒片图形库和选择满意的盒形结构。在输入盒体尺寸（长、宽，高）和纸板厚度后，可立即显示或打印盒片结构图，自动排料，并输出盒片模切排料图、印刷轮廓图和背衬（底模）加工图；当用户设计或调用所要求的盒片结构图后，只要输入纸板幅面尺寸和排料间隙，便可排料，并比较不同排料方案，显示优化模切排料图及有关参数（如排料个数、纸板利用率等）。

化妆品包装

第三章 商品包装设计的材料

SHANGPINBAOZHUANGSHEJIDECAILIAO

材料是有纹理和质感的，它往往影响到商品包装的视觉效果。巧妙利用不同材料的表面变化或表面形状可以达到商品包装的最佳效果。商业包装所用材料，无论是纸类材料、塑料材料、玻璃材料、金属材料、陶瓷材料、竹木材料以及其他复合材料，都有不同的质地肌理效果。运用不同材料并妥善地加以组合配置，可给消费者以新奇、清爽或豪华等不同的感觉。材料要素是商品包装设计的重要环节，它直接关系到商业包装的整体功能和经济成本、生产加工方式及商业包装废弃物的回收处理等多方面的问题。

商业包装设计的发展一直伴随着人类文明和文化的进步，当今社会，新技术、新材料的应用成为商业包装创新设计的重要特征。现代意义上的商业包装设计，在很大程度上依赖于社会生产力的提高和科学技术的进步。

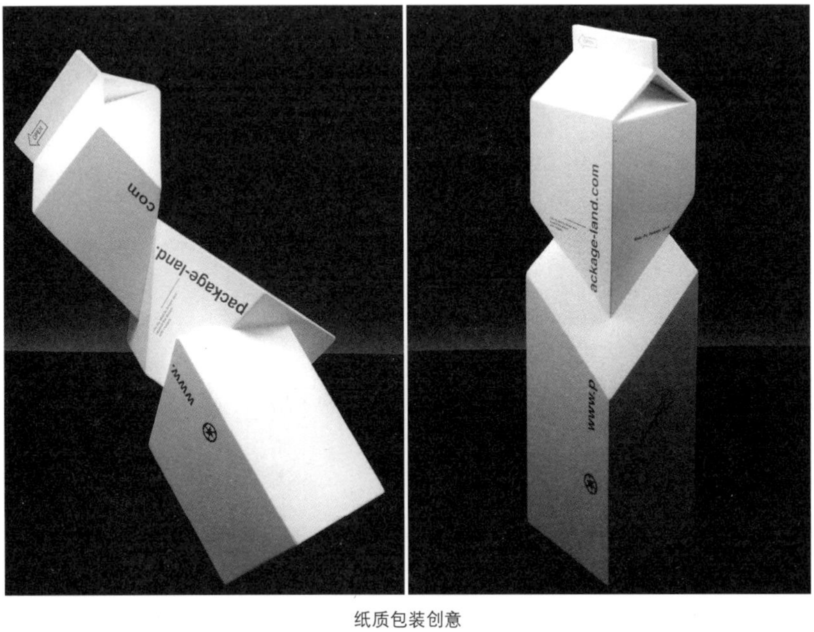

纸质包装创意

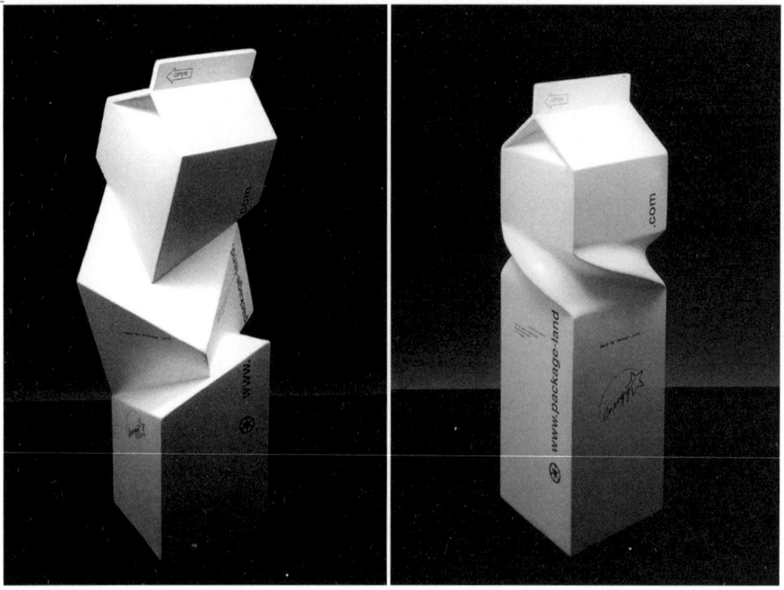

纸质包装创意

第一节　纸质包装材料

造纸术是我国的四大发明之一，在历史上，纸曾经是一种很珍贵的材料。东汉时期，蔡伦发明了造纸术，对人类经济、政治和文化的发展产生了深远的影响。在新的造纸术产生和发展之后，纸类才作为一种重要的商业包装材料开始被广泛使用。

手提纸袋

纸类商业包装材料通常有纸和纸板两大类，在商业包装材料中，纸和纸板起着重要的作用，占所有商业包装材料的40%以上，甚至达到50%。作为商业包装材料，纸类商业包装材料有其他商业包装材料不可比拟的优点，例如：其来源比较广，价格比较便宜；具有良好的弹性和韧性，对被包装物有良好的保护作用，并且适宜机械化操作。同时，纸类商业包装材料还有良好的适印性，还可以回收重复利用。在现代社会中，人们倡导的是环保型消费，重复利用资源，纸包装不仅可以减少资源的消费，同时又能达到发展经济、保护环境的目的。所以，即使在商业包装材料竞争激烈，尤其是在受塑料商业包装材料和制品的强烈冲击下，纸类商品包装材料仍然受到人们的重视，并不断开发出新产品。可以预测，无论是在现在，还是在将来，纸类商品包装材料都将是一种占主导地位的商品包装材料。

服装类包装

在我国主要四种商品包装中，商品纸包装占50%以上。但我国森林资源贫乏，应积极发展非木浆造纸，采用芦苇、甘蔗渣、棉秆、麦秸、竹等代木造纸，扩大速成人工林，充分利用枝丫材、废弃材、加工余边材料等，扩大原料来源。通过开发新型纸浆增强剂和改进瓦楞纸板结构，提高纸的强度，减少纸板厚度，达到减少用量，同时发展经济、保护我们生存环境的目的。

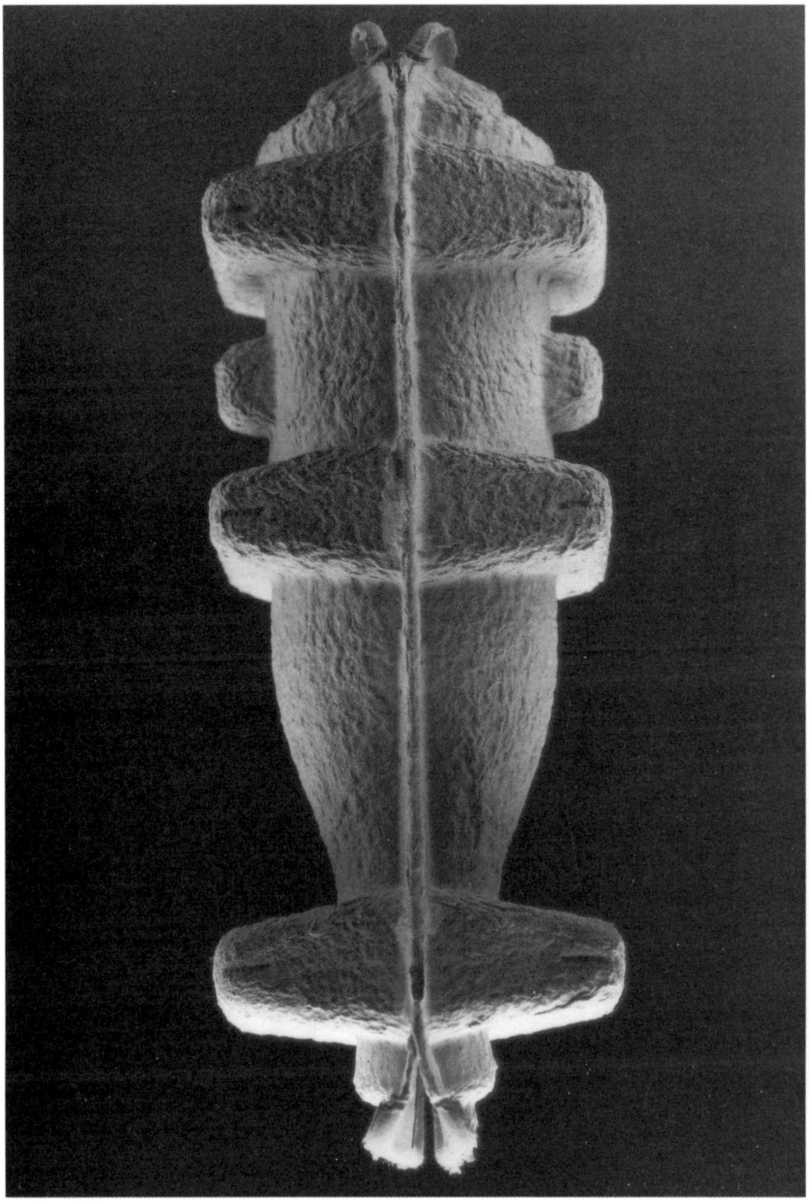

易碎品包装

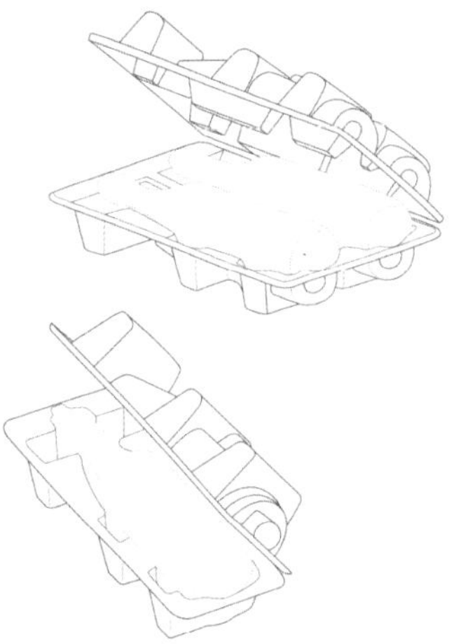

易碎品包装

一、常用的纸质包装材料的分类

纸质包装的种类很多，有的以纸张的形式制作成商品包装容器或进行商品包装装潢，有的以纸板的形式制造成商品包装箱、商品包装盒、商品包装杯等，还有的纸材料用于产品的说明和广告印刷，这类包装用纸有功能性防护商品包装纸、商品包装装潢用纸、牛皮箱板纸、白板纸和瓦楞纸板等等。在这些纸类商品包装材料的分类中，各种包装材料各自有各自的特点。

二、功能性防护商品包装纸

1．牛皮纸

牛皮纸因质量似牛皮那样坚韧结实而得名，是高级的商品包装纸，用途十分广泛。但是，牛皮纸大多数应用于包装工业品，同时也应用于其他的行业。牛皮纸在外观上分单面光、双面光、有条纹和无条纹等。

2．纸袋纸

纸袋纸又称水泥袋纸，它是一种工业与商业包装用纸，供制造水泥袋、化肥袋、农药袋等使用，常用4～6层的纸袋缝制水泥包装纸。纸袋纸要求物理强度大、坚韧，具有良好的防水性能，装卸时不易破损等等。由于水泥在储存时要有一定的透气度，因而要求纸袋纸具有一定的透气性，这一点与一般牛皮纸不同。

易碎品包装

3．鸡皮纸

鸡皮纸是一种单面光的平板薄型商业包装纸，供印刷商标、日用百货、食品的商业包装使用。鸡皮纸一般定量为40g/m^2,一面光泽好，有较高的耐破度和耐折度，有一定的抗水性。其特点是浆细、纸质均匀、拉力强、不易破碎，色泽较牛皮纸浅。

4．玻璃纸

和一般的纸有所不同，它是透明的，就像玻璃一样，故名玻璃纸。其所以透明，是因为它不是用纤维交织起来的，而是将纤维原料经过一系列的复杂加工后，制成胶状的液体形成薄膜。因此它的有些形态和塑料膜相似，有些性质也与塑料膜相同。

玻璃纸主要应用于医药、食品、纺织品、化妆品、精密仪器等的商业包装，其主要特点是透明性好、光泽性高、印刷适性好等。

5．羊皮纸

最早的羊皮纸是由动物羊皮制成的，现在的羊皮纸则主要是由植物制成。羊皮纸是一种透明的高级商业包装纸，又称硫酸纸。

手提袋包装

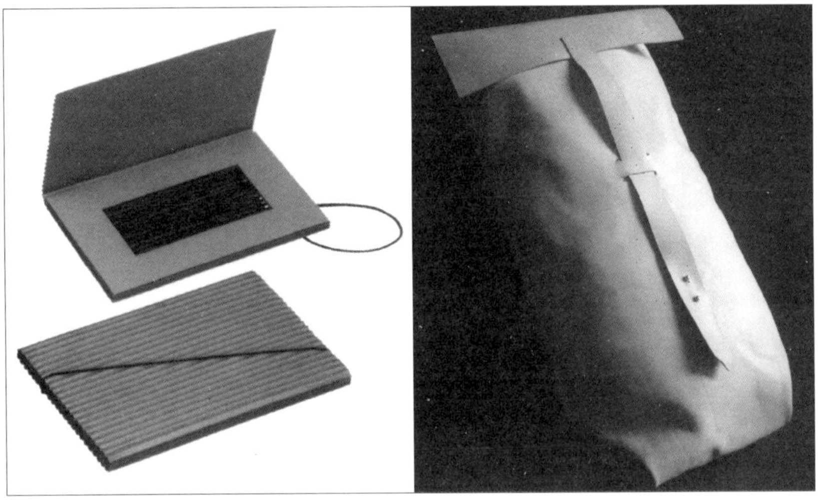

羊皮纸包装

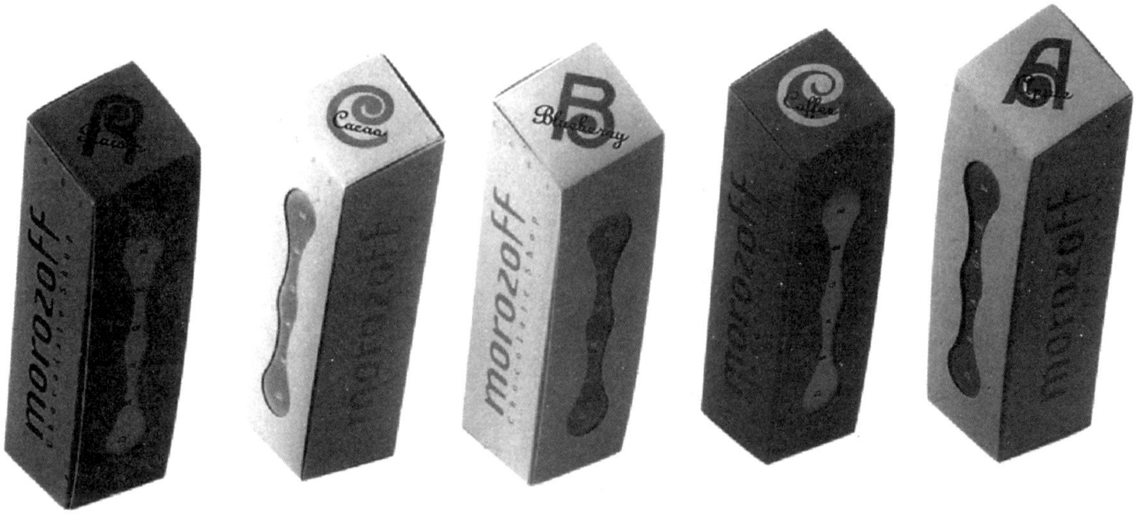

Morozoff包装

三、商业包装装潢用纸

1．铜版纸

它是一种涂料纸，由在原纸上涂布一层白色涂料而成，是一种高级商业包装装潢及印刷用纸。铜版纸的主要原料是铜版原纸与涂料，中高级铜版纸采用特制的原纸进行加工，一般铜版纸采用优质的新闻纸或胶版纸进行加工。由于铜版纸具有较高的平滑度和白度，纸的质地密实，伸缩性小，耐水性好，印刷性好，印刷图案清晰，色彩鲜艳等，所以铜版纸广泛应用于商品商业包装。例如各种罐头、饮料瓶、酒瓶等贴标以及多种彩色商业印刷，例如高级糖果、食品、巧克力、香烟、香皂等生活用品的商业包装。此外，铜版纸还可以做高级纸盒、纸箱的贴面。

2．胶版纸

胶版纸是一种高级彩色印刷品用纸，主要是在胶印机上使用，具有平滑、细密均匀、伸缩率小、抗水性好，印刷图案清晰等特点，但不如铜版纸的组织紧密，光洁性也较铜版纸差。胶版纸作为商业包装装潢用纸，其用途类似于铜版纸，但因质量较铜版纸差，所以胶版纸仅用作商品包装中的一般彩色印刷与包装以及纸箱挂面。

3．不干胶纸

不干胶纸基本上是由基面基材、胶粘剂、底纸三要素组成的，主要用来印刷各种商品商标、标签、条码等。由于所选用的表现基材品质都很好，所以在其上印刷的图文都很好。

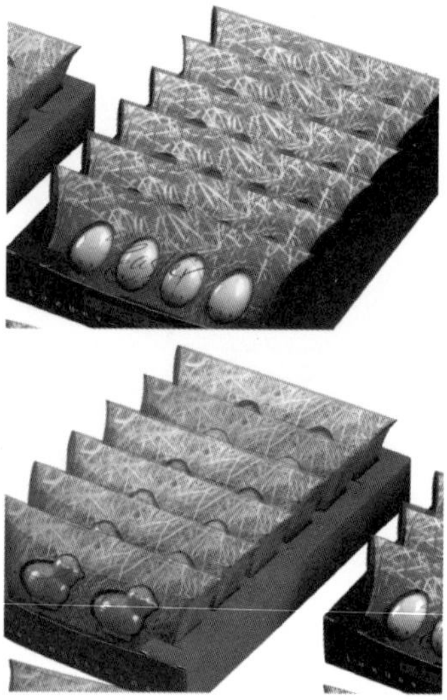

鸡蛋盒

不干胶纸

饮料包装

宝吉纯汁雪泥冰包装

4．纸箱

纸箱主要归属于储运包装，其应用范围很广，几乎包括所有的日用消费品，例如水果蔬菜、食品饮料、玻璃陶瓷、家用电器以及自行车、家具等。随着社会消费的发展，越来越多的商品利用它作为销售包装，这使得纸箱的使用范围更广泛了。

纸箱通常采用瓦楞纸纸板作为包装材料，其中应用最多的是单瓦楞、双瓦楞和三瓦楞等类型。

纸箱设计对于标准化的要求是很严格的，因为它直接影响到货场上的整齐码放、货架上容积的有效利用以及集装箱的合理运输。同时还要充分考虑到在运输过程中的保护功能，例如封口开裂、鼓腰、结合部位破损等问题，都与纸箱结构的设计有关。

纸箱包装

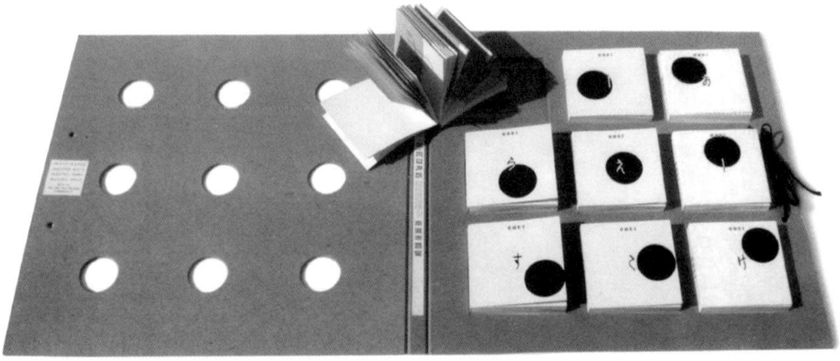

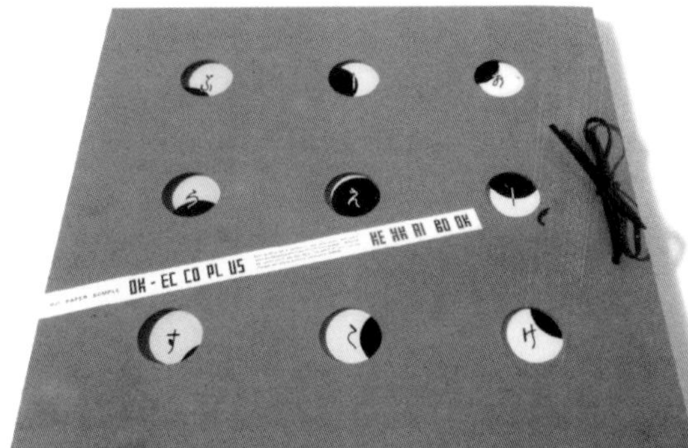

牛皮纸板包装

牛皮纸板采用镂空的手法，露出商品的一部分，既可以让消费者看到商品，包装本身又和商品形成完美的结合，凸显了商品的文化内涵。

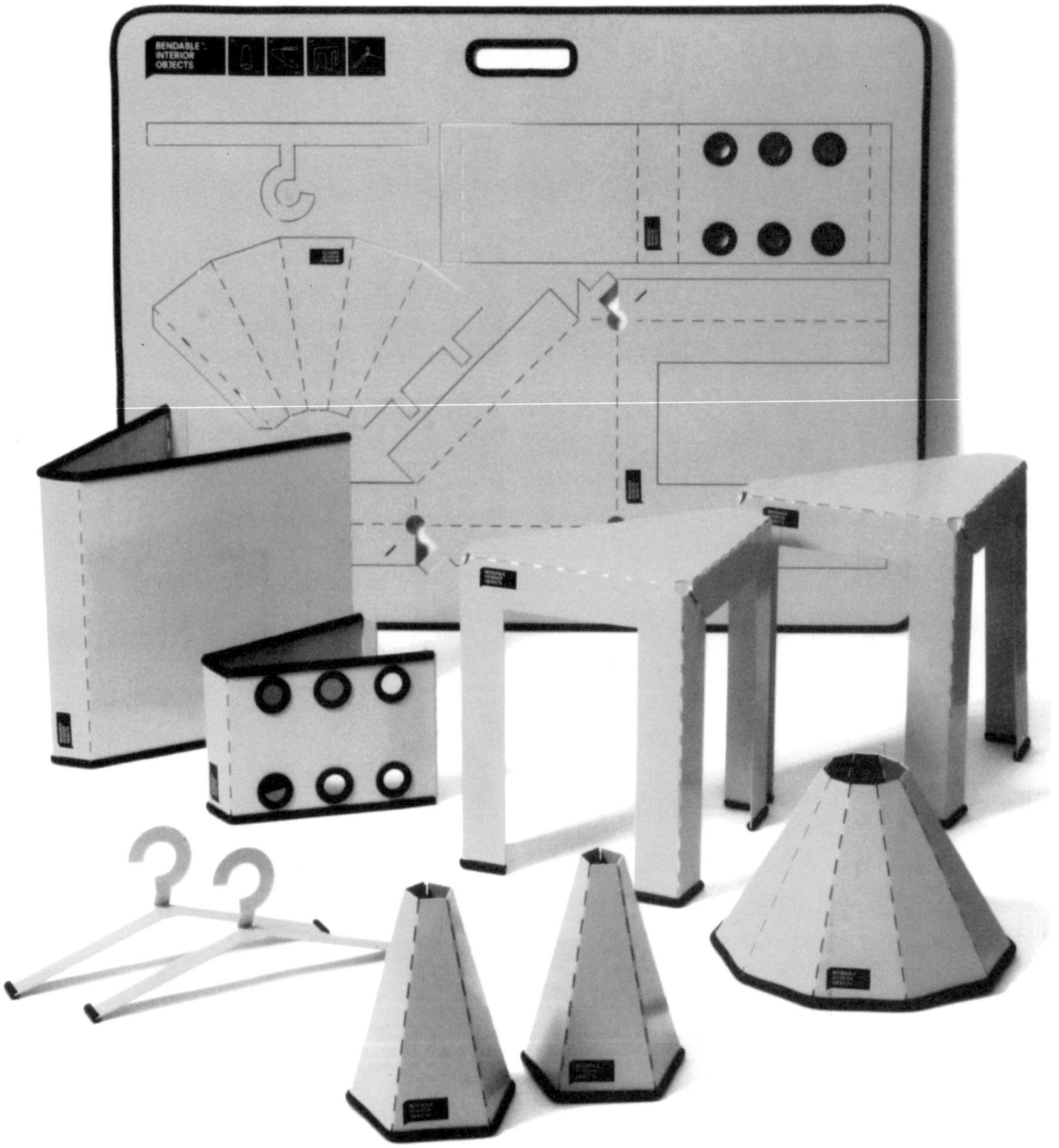

折叠纸包装
用纸做的最经济、最实用的包装例子，节约空间与资源，而且极为巧妙。

5．纸和纸板的规格

随着造纸技术的发展、相关的行业标准的陆续出现，使我国造纸业在生产、使用、加工等环节更加标准化和国际化。

了解纸张的性能、合理利用不同纸质的特点，对包装设计最终的视觉效果会起到很大的作用。

①纸张表面性能：指光滑度、硬度、黏合性、掉粉性等。

②纸张物理性能：指纸的定量、厚度、强度、弯曲性、纹理走向、柔软性、耐折度等。例如在设计玻璃瓶贴时，通常应使纸张的纹路处于水平方向进行印刷和粘贴，这样才能使瓶贴粘牢固，否则纵向纹路很容易变形、起泡、脱落而影响使用和美观。

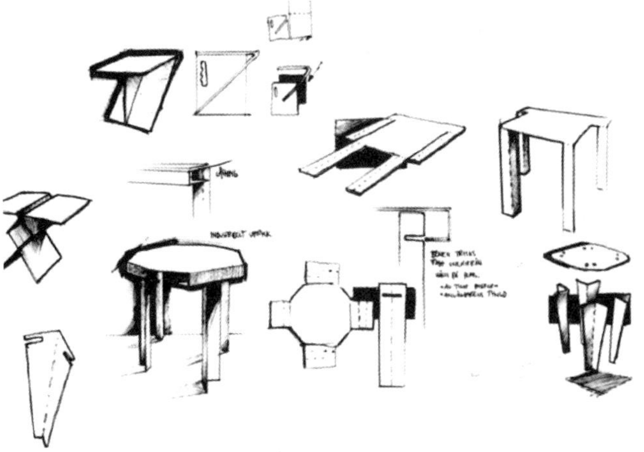

用纸做的包装

第二节 金属包装材料

金属包装材料是传统的包装材料之一，在包装材料中占有很重要的地位。金属包装容器从暂时贮存内装物品的机能演变到今天的食品罐头、饮料容器、运输包装等；从生产到流通、消费形成一贯流动容器，成了长期保存内装物品的手段，可以说金属容器给人类的工作和生活带来了很大的变革和进步。

金属包装

易拉罐包装

酒品包装
金属和玻璃的完美结合，尽显酒包装的品质。

我国金属包装设计的发展状况：现已成为中国包装工业重要门类之一的金属包装快速发展，并广泛应用于食品及饮料领域。根据最新统计，2005年金属包装各类产品中，饮料罐产量为60亿只，食品罐头罐35亿只，各类杂罐50亿只。从金属包装材料消耗方面分析，金属包装产品所占比重在食品及饮料方面已占到44%的份额。从我国啤酒行业来看，我国啤酒产量2005年已达到三千多万吨，居世界首位。饮料行业发展更是迅猛，因此对金属包装需求量不断增大。

虽然我国金属包装产业发展较快，但同时存在的问题不容忽视。中国包装联合会金属容器委员会有关负责人认为，我国金属包装企业大部分规模较小，拥有自主知识产权很少，不具有核心竞争力，在世界范围具有影响力的企业集团也较少；金属包装品种不多，普遍的是一般产品，生产能力严重过剩，优质高档精品生产能力明显不足，总体水平与发达国家产品的水平有明显的差距；自主创新能力较低，主要技术装备及核心技术还依赖进口或掌握在外国公司手中；企业信息化程度低，金属包装管理和技术人才严重匮乏。在谈到金属包装行业未来的发展时，专家一致对金属包装行业发展前景看好。

KSHOCOLAT系列包装

第三节 塑料包装材料

包装材料对商品的有效保护是商品包装最为重要、最基本的功能。可以毫不夸大地讲，如果塑料薄膜对所包装的商品没有起到可靠的保护作用，那么它就失去了作为包装材料的使用价值，选材上是失败的。塑料薄膜对商品的保护功能是多方面的，不同的商品与不同的包装形式，对于塑料包装薄膜保护功能要求的侧重点亦不尽相同。这里所介绍的仅仅是在一般情况下，经常需要考虑的一些主要功能。

GUHL系列包装

自从20世纪初塑料材料问世以来，已逐步发展成为经济的、使用非常广泛的一种包装材料，而且使用量逐年增加，应用领域不断扩大。

塑料是一种人工合成的高分子材料，与天然纤维构成的高分子材料如纸和纸板等不同。塑料高分子聚合时根据聚合方式和成分的不同，会形成不同的形式，也会因为高分子材料加热或冷却的加工环境、条件和加工方法的不同使结晶状态不同，而产生不同的结果，因此最终形成了诸多材料、性能不同的产品。

塑料包装材料按照用于包装上的形式，可以分为塑料薄膜和塑料容器两大类。

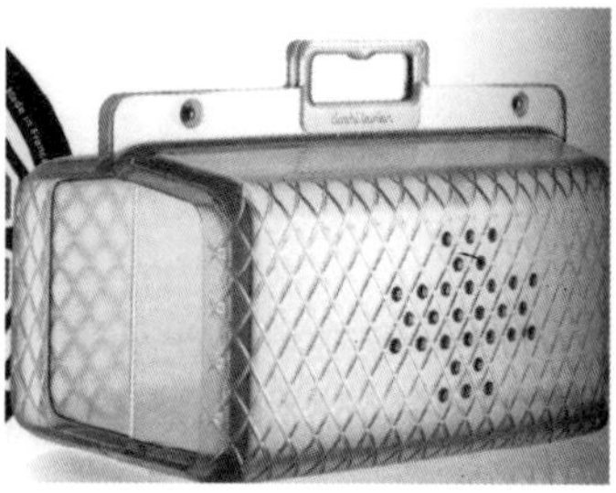

塑料容器包装

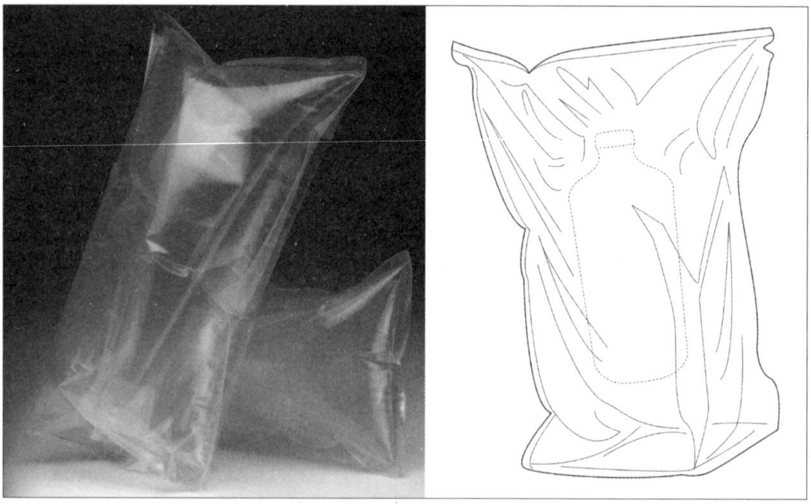

塑料袋包装

gsus系列包装

塑料薄膜以其强度高、防水防油性强、高阻隔性等特点，已发展成为使用广泛的内层包装材料和生产包装袋的材料。通常，国内把厚度不超过0.2mm作为区分片材和薄膜的界限。薄膜根据使用需求的不同，加工成型的方法也很多，基本上可分为单层材料和复合材料两大类。

塑料容器是以塑料为基材制造出的硬质包装容器，可以取代木材、玻璃、金属、陶瓷等传统材料的包装容器。其优点是成本低、重量轻、可着色、易生产、耐化学性、易成型等，缺点是不耐高温和透气性较差。

塑料容器包装的成型方法主要有三种：一是挤塑，二是注塑，三是吹塑。

TOMATO包装

第四节　玻璃包装材料

玻璃的主要原材料是天然矿石、石英石、烧碱、石灰石等，玻璃作为容器早在3700年前的古埃及时就得到了应用，玻璃具有高度的透明性及抗腐蚀性，与大多数化学品接触都不会发生材料性质的变化。其制造工艺简便，造型自由多变，具有硬度大，耐热、洁净、易清理，可反复使用等特点。玻璃作为包装材料主要用于食品、油、酒类、饮料、调味品、化妆品以及液态化工产品等，用途非常广泛。但玻璃也有它的缺点，如重量大、运输存储成本较高、不耐冲击等。

玻璃按照成分可分为三种：一是钠玻璃，二是铅玻璃，三是硼矽玻璃。

玻璃容器的成型按照制作方法可以分为人工吹制、机械吹制和挤压成型三种。

酒类广告

Iichiko包装

2005A&AD包装设计

IsseyMiyake-BPI的一款男用淡香水EauD'IsseyCollector包装在一个椭圆形的玻璃瓶中，它拥有浑圆的前面板和平窄的侧面。新包装瓶上的装饰特色是Saint-GobainDesjonquéres独有的一种瓷釉玻璃化激光技术。它的设计灵感来自冬季湖面上的映射——玻璃化银色瓷釉上的同心线条体现了表面波纹的向外扩展。这种视觉效果结合瓶子独特的毛糙到光滑的触感，增添了产品的优雅感觉并且增强了包装材料的影响。

Hermés的Terred'Hermés也是由Saint-GobainDesjonquéres装饰的，它的特色之处是在带有宽平面板的大块玻璃上的一种令人印象深刻的长方形设计。橙色丝网印刷的字“Terred'Hermés”被装饰在瓶子前面，并且突出了Hermés中刻入瓶子基部的“H”。

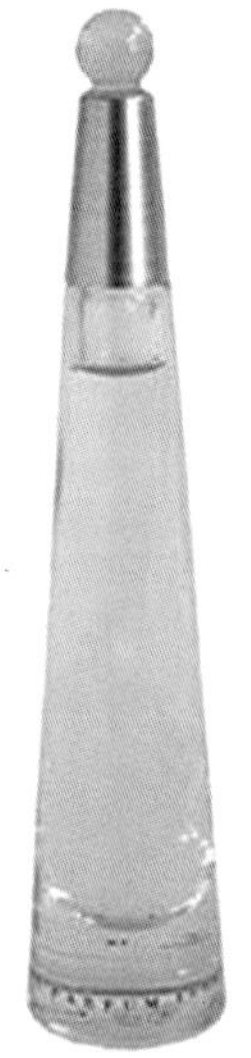

男用淡香水EauD'IsseyCollector包装

Terred'Hermés香水包装

ODEUR 53系列包装

第四章　商品包装设计的工作流程

SHANGPINBAOZHUANGSHEJIDEGONGZUOLIUCHENG

第一节　商品包装设计前期准备工作

“好的设计尚且不一定赢得市场，不尽满意的设计还是趁早改进的好，不必再做无用功。”因此，在进行商品包装设计前，应对市场进行调研，了解清楚业主公司内部的产品链、定位、销售方式、行业现状等方面的情况，把握商品包装设计定位，进行整体、周全的规划。这种系统性的了解是设计创意的前提。

无论是在超市购物还是在专卖店购物，消费者都在试图理解产品的功能、价格及其商品包装所表达的功能特征和寓意特征，以符合自身选购的功能要求、审美倾向和心理需求。商品包装通过各种要素组合所传达的并不仅仅是从单个产品包装出发，实现保存、运输、销售、携带产品等基本特征和介绍商品名称、内容及其品牌，如果设计者能从产品商品包装的环境、分区、展示等整体进行系统规划，使消费者不但一目了然、易于比较，还能充分体现商品的价值，从而提高销售成果。

第二节　商品包装的市场调研和定位设计

包装设计是解决企业市场营销方面的问题，具体地讲就是推销产品与宣传企业形象。要解决问题，就要有科学的方法与程序。设计的程序是一个解决问题的过程，这包括对问题的了解与分析，对解决问题方法的提出与优化。

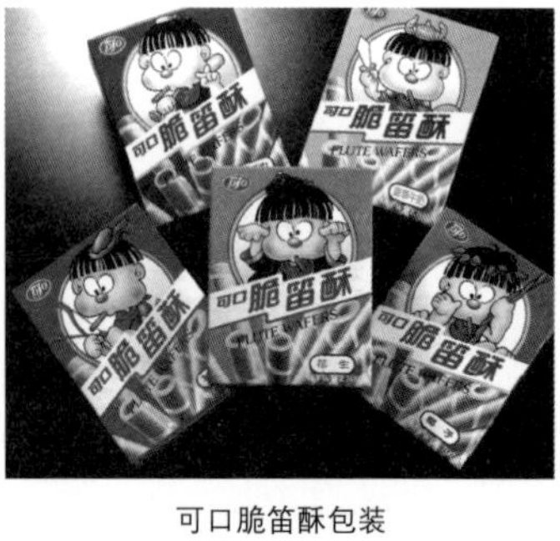

可口脆笛酥包装

包装使产品更有魅力地呈现在消费者眼前。从消费者看到包装时起，大脑便立即产生对该产品的一种喜或厌的情绪。这种情绪的作用是巨大的，它验证了“包装是具有销售力的”。

而包装是否具有销售力是由包装的内容、它的消费层以及销售地点紧密联系在一起的。因此，面对一项包装设计任务，设计师必须首先要了解这是属于哪一种类型的产品包装，有何特点以及有何特殊要求等。这是设计构思的基础，否则设计将无法开展，无从入手。

一、明确目的

要根据产品与包装的营销性质来确定市场调研的目的。如有的产品包装是新近推出的，这就需要以相关市场的潜力、产品包装推出成功的可能性为目的进行调研。而有的企业只是对已有产品包装进行改良或扩展，那就要以为什么要进行改良，改良的方向、方法与成功的可能性为调研目的。

二、选定对象

考虑到客观条件的限制，不易做到大量取样，同时，如果获得资料数量庞大，整理与处理也不容易，因此在调研前期工作的重要一环是选定市场调研对象与内容。在调研对象方面，一般采取抽样方式，根据产品的性质，在将来可能的消费者中选取一定的人群进行调研。在调研内容方面，则根据产品、市场的特点与经费及其他方面的限制，确定一定的、和设计目的相关的调研条目：如市场的特点与潜力、竞争对手与产品等方面;消费者的基本情况，如消费者的年龄、经济收入、文化教育等方面;市场相关产品与自身产品(如果已投放过市场）的基本情况。

通过市场调研，设计师搜集到了产品包装设计所涉及的市场、消费者等多方面的信息，并可以在此基础上对调研进行总结，根据需要写出调研报告。调研报告要写得简明扼要，观点明确，调研搜集的材料与提出的观点要保持一致。

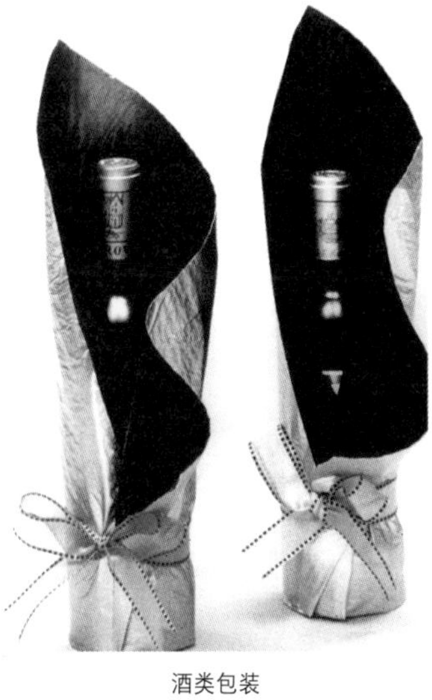

酒类包装

第三节 商品包装设计方案的制定和实施

一、设计构想图

草案也称为草图阶段，这个过程可以利用铅笔手绘及简易的色彩示意来完成。

示意草图

二、设计表现元素的准备

①图形部分：对于精细表现的插画则先要求大致效果的表现即可，摄影图片则运用类似的照片或效果图先行替代。

②文字信息部分：包括品牌字体的设计、广告语、功能性说明文字的准备等。

③结构的设计：如果是纸盒商品包装应准备出具体盒形结构图，以便于商品包装展开设计的实施。

除了这些以外，产品商标、企业标示、相关符号等也应提前准备完成。

1812系列包装

三、设计的具体化表现

通过电脑软件，运用各个元素组合与构思，设计出接近实际效果的方案。

四、设计方案稿提案

初步的设计提案表现出主要展示面的效果即可，将设计完成的方案进行色彩打印输出，并以平面效果图的形式向设计策划部门进行提案说明。根据产品开发、销售、策划等依据，筛选出较为理想的方案，并提出具体修改意见。这种方案稿可能要经过几次反复修改。

五、立体效果稿提案

对最终筛选出来的部分设计方案进行展开设计，并制作成实际尺寸的彩色立体效果，从而更加接近实际成品。设计师可以通过立体效果来检验设计的实际效果以及商品包装结构上的不足。

经过完善后的立体效果稿再次向设计策划部门进行提案。

六、样品验证

小规模的试生产英文称之为“dummy”，将开发出的产品实际装入小批量生产出的商品包装中，然后委托市场调研部门进行消费者试用、试销、市场调查，并通过反馈情况最终决定投入生产的商品包装方案。

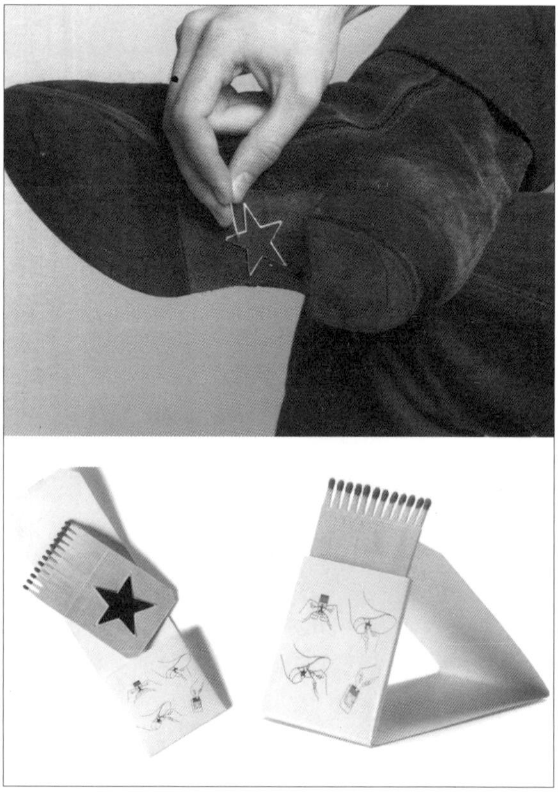

Levis限量版产品设计

第五章 商品包装设计的创意表现

SHANGPINBAOZHUANGSHEJIDECHUANGYIBIAOXIAN

第一节 商品包装的定位

现代设计要赋予商品包装新的设计理念，要了解社会、了解企业、了解商品、了解消费者，从而作出准确的设计定位。没有定位就没有目的性、针对性，也就没有目标受众，商品也就销售不出去，这也就失去商品包装设计的意义。

第二节 商品包装的构思策划

构思是设计的灵魂，在设计创作中很难制定固定的构思方法和构思程序之类的公式。创作多是由不成熟到成熟的，在这一过程中肯定一些或否定一些，修改一些或补充一些，都是正常的现象。构思的核心在于表现什么和如何表现两个问题。回答这两个问题即要解决以下四点：表现重点、表现角度、表现手法和表现形式。如同作战一样，重点是攻击目标，角度是突破口，手法是战术，形式则是武器，其中任何一个环节处理不好都会前功尽弃。

一、表现重点

重点是指表现内容的集中点。商品包装设计在有限的画面内进行，这是空间上的局限性。同时，商品包装在销售中又是在短促的时间内为购买者所认识，这是时间上的局限性。这种时空限制要求商品包装设计不能盲目求全，面面俱到，什么都放上去等于什么都没有。重点是要对商品、消费、销售三方面的有关资料进行比较和选择，选择的基本点是有利于提高销售。

例如该商品的商标形象、牌号含义；该商品的功能效用、质地属性；该商品的产地背景、地方因素；该商品的集卖地背景、消费对象；该商品与现类产品的区别；同类商品包装设计的状况；该商品的其他有关特征等等。

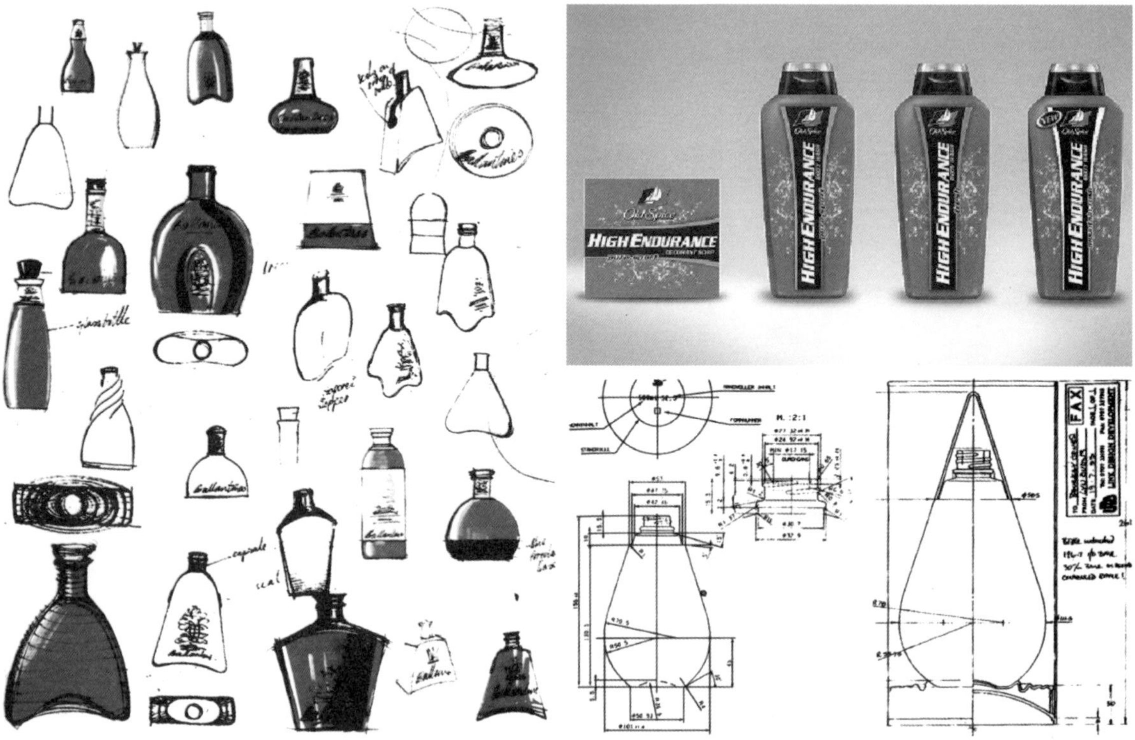

创意构思图

这些都是设计构思的媒介性资料，设计时要尽可能多地了解有关的资料，加以比较和选择，进而确定表现重点。因此要求设计者要有对有关商品、市场的深入了解及生活知识、文化知识的积累。积累越多，构思的天地越广，路子也越多，重点的选择亦越有基础。

选择的重点主要包括商标品牌、商品本身和消费对象三个方面。一些具有著名商标或品牌的产品可以用商标品牌为表现重点；一些具有某种特色的产品或新产品的商品包装则可以用产品本身作为重点；一些对使用者针对性强的商品包装可以以消费者为表现重点。其中以商品为重点的表现具有最大的表现余地，这一点后面另作探讨。总之不论如何表现，都要以传达明确的内容和信息为重点。

CHROMOLUX产品包装

二、表现角度

这是确定表现形式后的深化，即找到主攻目标后还要有具体确定的突破口，如以商标、品牌为表现重点，是表现形象还是表现品牌所具有的某种含义？如果以商品本身为表现重点，是表现商品外在形象还是表现商品的某种内在属性？是表现组成成分还是表现其功能效用？事物都有不同的认识角度，在表现上要集中于一个角度，这将有益于表现的鲜明性。

三、表现手法和表现形式

就像表现重点与表现角度好比目标与突破口一样，表现手法可以讲是一个战术问题。表现的重点和角度主要是解决表现什么，但这只是解决了一半的问题。好的表现手法和表现形式是设计的生机所在。不论如何表现，都是要表现内容的某种特点。从广义看，任何事物都必须具有自身的特殊性，任何事物都必须与其他某些事物有一定的关联。这样，要表现一种事物及表现一个对象，就有两种基本手法：一是直接表现该对象的一定特征，另一种是间接地借助于该对象的一定特征。前者称为直接表现，后者称为间接表现或称之为借助表现。

Swerve产品包装

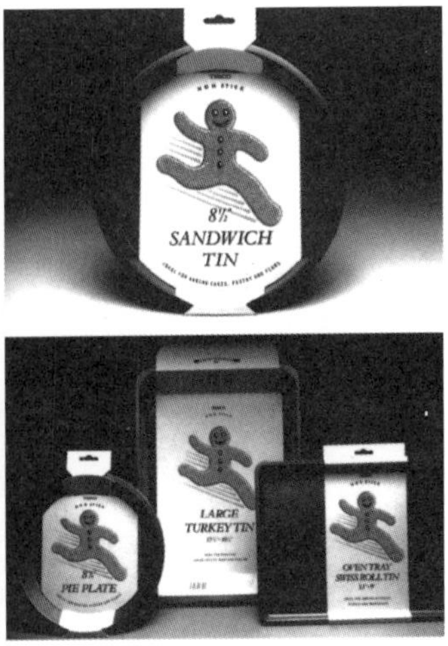

内衣包装

内衣的包装采用了直接表现的方式，手法现代、大胆。

1．直接表现

是指表现的重点是内容物本身，它包括表现其外观形态或用途、用法等。最常用的方法是运用摄影图片或者开窗来表现。除了客观地直接表现外，还有以下一些运用辅助性方式的直接表现手法。

（1）衬托

这是辅助方式之一，可以使主体得到更充分的表现。衬托的形象可以是具象的，也可以是抽象的，处理中注意不要喧宾夺主。

（2）对比

这是衬托的一种转化形式，可以称为反衬，即是从反面衬托，使主体在反衬对比中得到更强烈的表现。对比部分可以具象，也可以抽象。在直接表现中，也可以用改变主体形象的办法来使其主要特征更加突出，其中归纳与夸张是比较常用的手法。

anna系列产品包装

（3）夸张

夸张是以变化求突出，二者的共同点是对主体形象作一些改变。夸张不但有所取舍，而且还有所强调，使主体形象虽然有些失真，但却合情合理。这种手法在我国民间剪纸、泥玩具、皮影造型和国外卡通艺术中都有许多生动的例子，这种表现手法富有浪漫情趣。商品包装画面的夸张一般要注意可爱、生动、有趣的特点，而不宜采用丑化的形式。

（4）特写

这是大取大舍，以局部表现整体的处理手法，以使主体的特点得到更为集中的表现。设计中要注意所取局部要具有代表性。

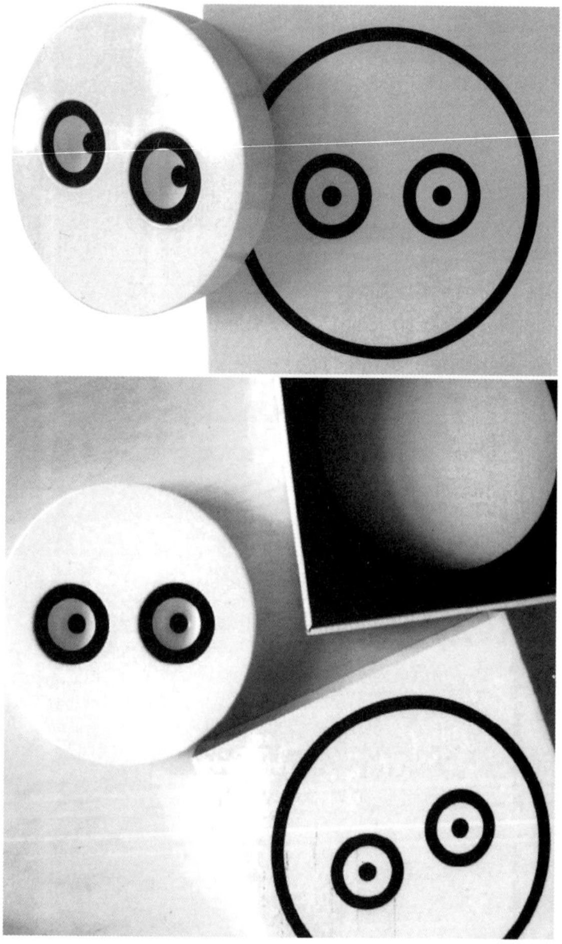

特写表现范例

2．间接表现

这是比较内在的表现手法。即画面上不出现被表现的对象本身，而借助于其他有关事物来表现该对象。这种手法具有更加宽广的表现空间，在构思上往往用于表现内容物的某种属性或符号、意念等。

就产品来说，有的东西无法进行直接表现，如香水、酒、洗衣粉等，这就需要用间接表现法来处理。同时许多可以直接表现的产品，为了求得新颖、独特、多变的表现效果，也往往从间接表现中求新、求变。

间接表现手法有比喻、联想和象征等。

（1）比喻

比喻是借它物比此物，是由此及彼的手法，所采用的比喻成分必须是大多数人所共同了解的具体事物、具体形象，这就要求设计者具有比较丰富的生活知识和文化修养。

（2）联想

联想法是借助于某种形象引导观者的认识向一定方向集中，由观者产生的联想来补充画面上所没有直接交代的东西。这也是一种由此及彼的表现方法。人在看到商品后或在购买商品前，会产生一定的心理活动，要想引导人的购买行为就取决于设计的表现，这是联想法应用的心理基础。联想法所借助的媒介形象比比喻形象更为灵活，它可以具象，也可以抽象。各种具体的、抽象的形象都可以引起人们一定的联想：人们可以从具象的鲜花想到幸福，由蝌蚪想到青蛙，由金字塔想到埃及，由落叶想到秋天等等；又可以从抽象的木纹想到山河，由水平线想到天海之际，由绿色想到森林，由流水想到逝去的时光，连窗上的冰花等都会使人产生种种联想。

（3）象征

这是比喻与联想相结合的转化，在表现的含义上更为抽象。

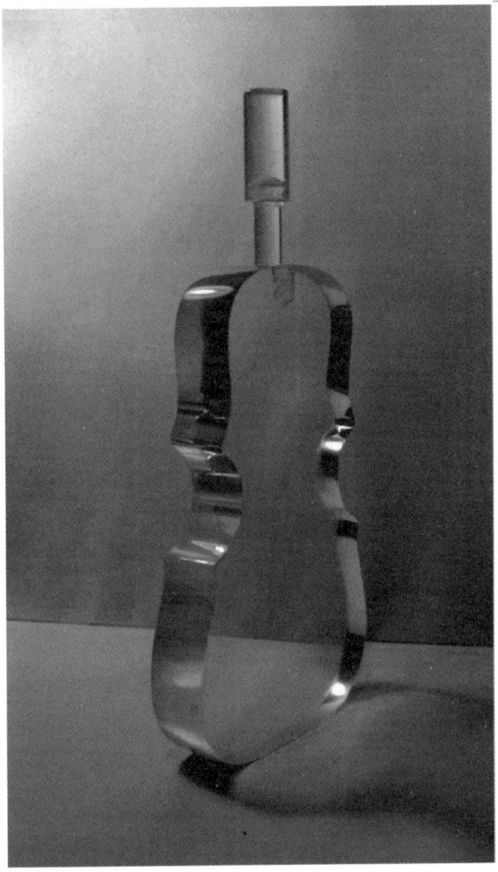

香水瓶包装

让人联想到女人曼妙的身姿，商品和消费对象得以融合。

食品包装

牛奶包装

黑白图案让人联想到奶牛，由奶牛联想到牛奶。

第三节　商品包装设计经典案例分析

一、挪威著名的面条食品品牌Mr.Lee

Mr.Lee是挪威著名的面条食品品牌，制造巨头Rieber and son希望对这个深受年轻人喜欢的品牌加入新的元素，以向更广阔的市场推广。

Design Bridge设计公司承担了这一重任。他们根据客户最初的提议，将原来包装上的人物摄影照片设计成为漫画式的标识。设计师Lan Buren开始寻找把李先生面部表情抽象化的表达方式，尽量让表情既简单又很容易让人记住，而事实效果确实如此。该创意允许大家对这个人物赋予更多的乐趣，比真人照片更具有实际操作性和调节性。

人物特点可以根据食品的口味发生变化，而且能非常形象地传达出食品的特点。品牌包装的改变让消费者非常满意，使他们更愿意消费并且追随商品。

该项目表明食品包装不一定就要阐释包装的是什么，细心的设计师甚至考虑到消费者购买的好奇心理和习惯，把包装底部留出一部分空白，不做印刷，以展示商品。

Mr.Lee包装

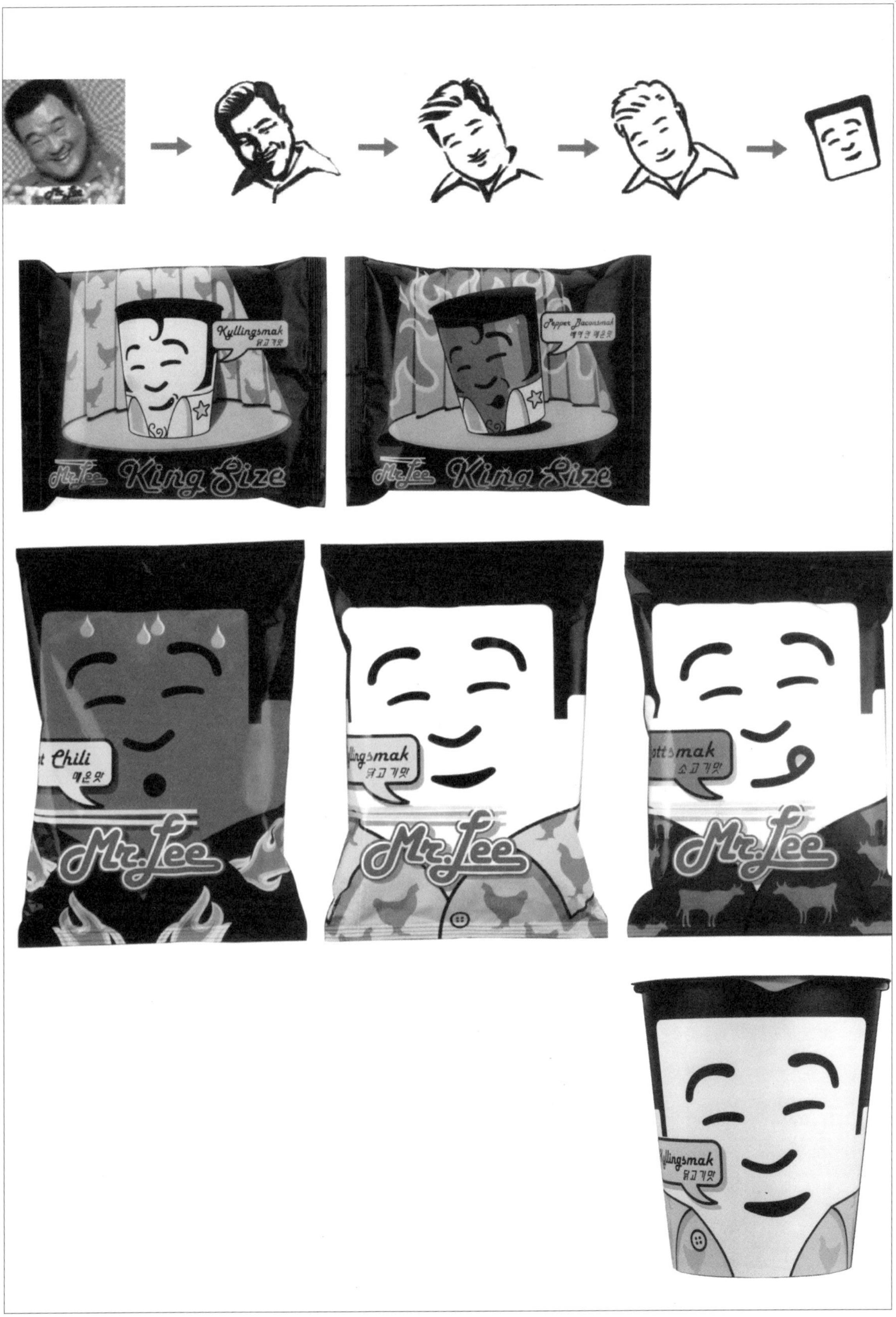

Mr.Lee包装

通过人物表情就可以知道食品的口味。包装字体也有了新变化，加入筷子的元素，更明确了产品类型。手稿字体和筷子的结合非常形象，成了人人可以理解的独特表达方式，为进军国际市场做好了准备。

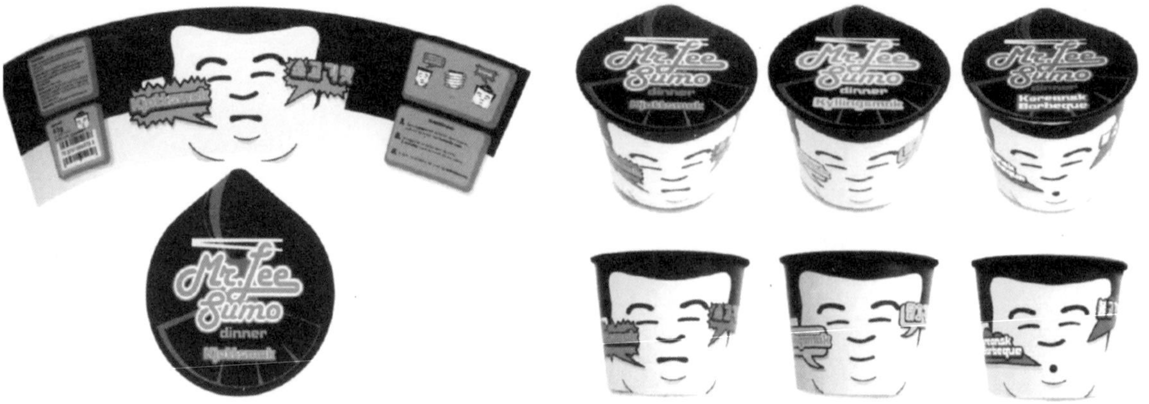

Mr.Lee包装
最新“相扑”风格的设计，准确地体现了日本文化，将品牌带入新纪元。

Mr.Lee包装电视广告
赋予品牌生命力，让品牌人物通过动画短片的形式更加鲜活。品牌已不仅仅是食品，而融入到人的生活中。

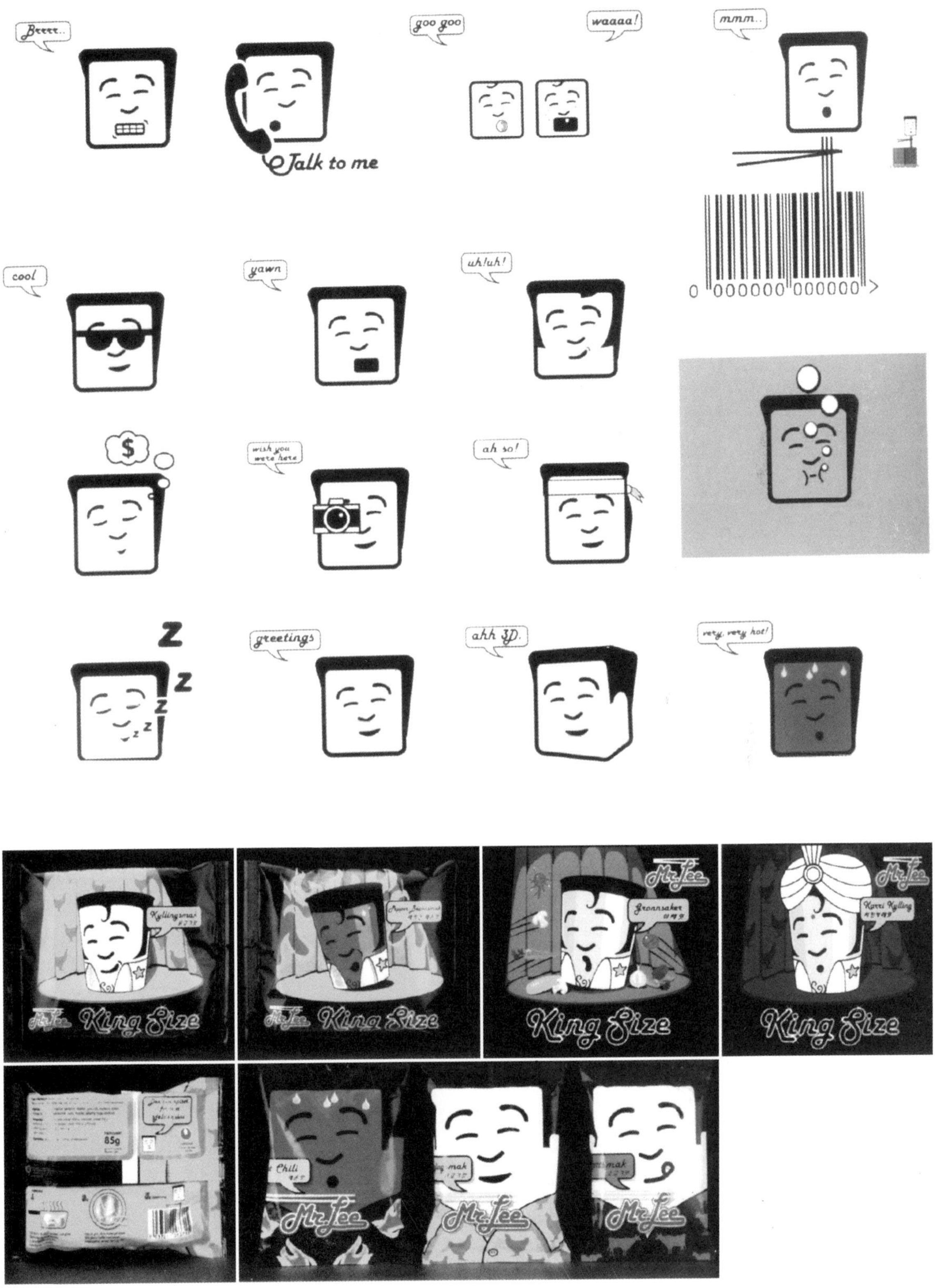
Brrrr..
Talk to me
goo goo
waaaa!
mmm..
cool
yawn
uh!uh!
$
wish you were here
ah so!
Z
Z
greetings
ahh 3D.
very, very hot!
Kyllingsmak
King Size
King Size
Mr.Lee
Grønnsaker
King Size
Mr.Lee
Karri Kylling
King Size
85g
Chili
Mr.Lee
Mr.Lee
Mr.Lee

Mr.Lee包装

二、南非女性时尚商店FOSCHINI

南非女性时尚商店为了圣诞节准备专用的购物袋。价值不菲的商品需要装在商店专用购物袋中，顾客买回家中作为礼品互相赠送。从这个意义上讲，购物袋不但有盛放的功能，而且是有效传达品牌形象的宣传载体。

设计师托马斯没有墨守成规，准备给袋子来点新意。他们开始思考为时尚手袋加上公司的标识与提手，令使用者感到她们使用的是“包”，而不是到处都有的廉价袋子。

将理念付诸行动，设计师考虑将双色图案直接印制在第三种色彩上——塑料本身，而塑料的材质能让提包的视觉效果更加真实。

设计师为FOSCHINI创造了专属包装，而非流俗的购物袋。顾客不仅仅用购物袋把商品带回家，而且能在日常生活中继续使用。

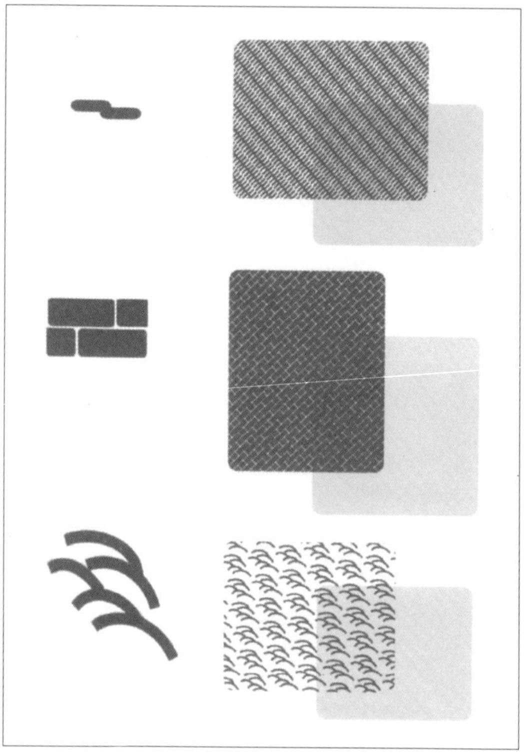

FOSCHINI图案
颜色和图案的不同组合尝试，以获取草编织的材质效果。

FOSCHINI购物袋
最后的包装设计非常具有吸引力，而这种精致效果采用的仅仅是双色印刷。顾客非常喜欢这款包装的样式。

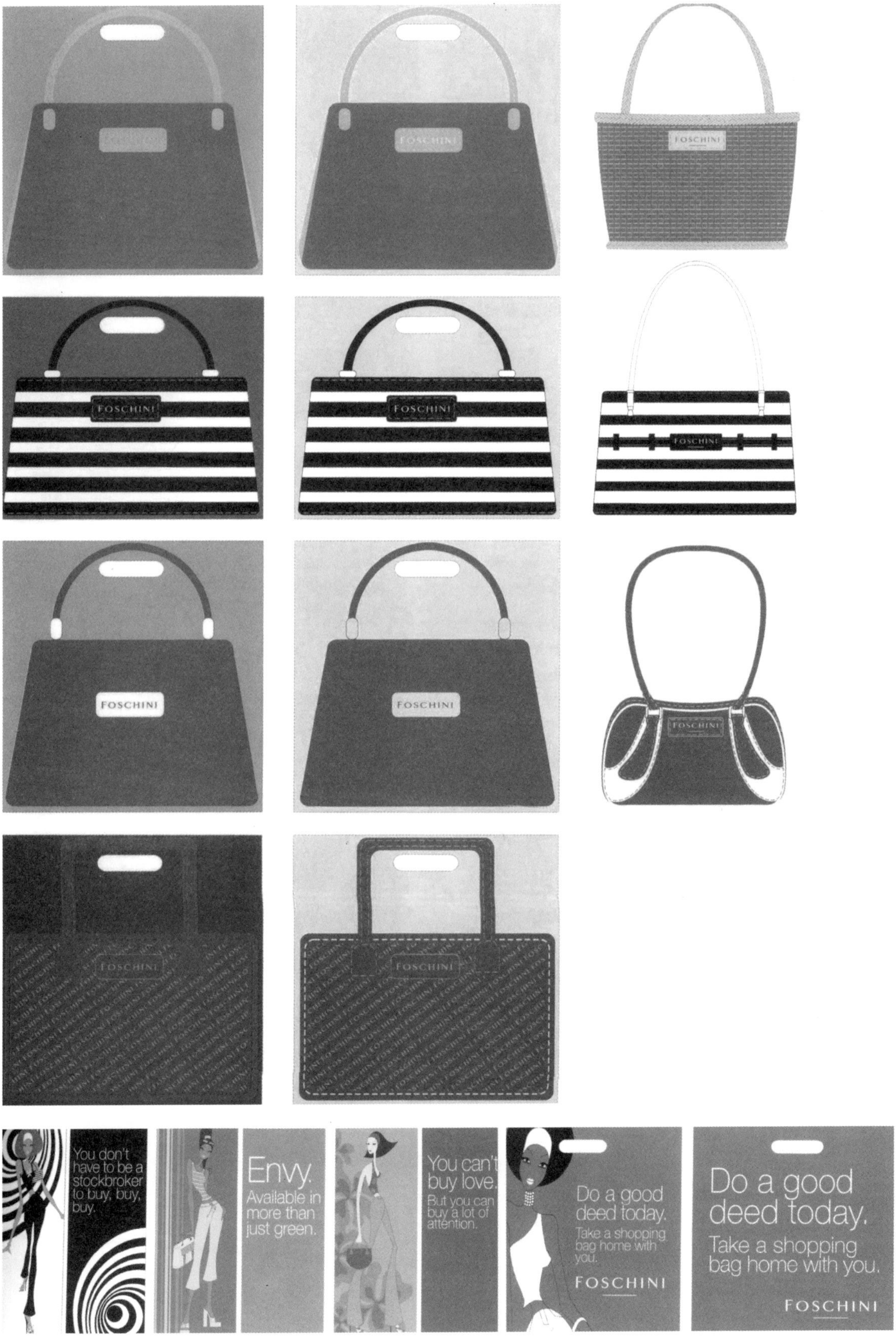

FOSCHINI购物袋

新的购物袋分为两色，设计师希望通过印刷在塑料材质上以获得第三种色彩效果。而印制出来的效果仿佛是一个真的手提袋。

第六章　商品包装设计的印刷与工艺

SHANGPINBAOZHUANGSHEJIDEYINSHUYUGONGYI

第一节　商品包装设计的印刷种类

按印版形式的不同，主要可分为：凸版印刷、平版印刷（胶印）、凹版印刷、网版印刷等。

一、凸版印刷

凸版印刷的特点是印版上的图文部分是凸出来的，当墨辊对印版上墨时，只有这些凸出来的图文部分能够沾上油墨，并在机械的压力下印到承印物（纸）上。凸版印刷在书刊、报纸的印刷中占有很大比重，过去使用铅活字排版，速度慢、劳动强度大，而且铅引起的污染还会危害人们身体的健康。目前已改成电脑排版，并使用感光树脂凸版等新材料进行印刷，告别了使用铅字印刷的历史。

二、平版印刷（胶印）

平版印刷的特点是印版上的图文部分与非图文部分几乎没有凹凸的差别，而是将印版经过物理和化学处理后，利用油水相斥的原理使印版上的图文部分亲油斥水，使印版上的非图文部分亲水斥油，然后在印版上同时上水上墨，再将印版上图文部分的油墨转印到橡皮滚筒上，最后再印到承印物上。

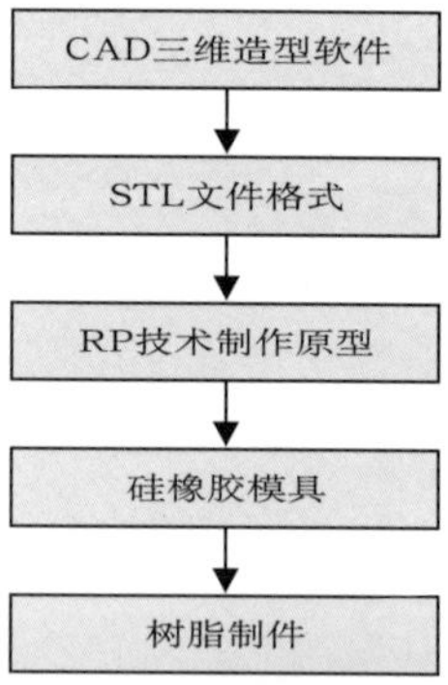

包装容器激光快速成型流程图流程

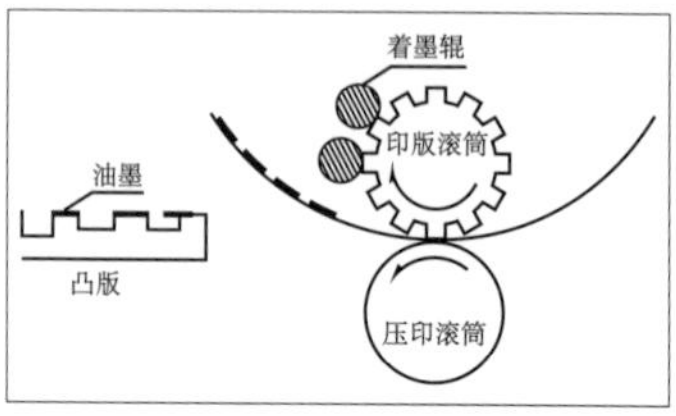

凸版印刷示意图

最早的平版印刷是直接在纸上印刷的。由于印版上的水分会使纸张表面潮湿而掉毛，印刷时很容易弄脏，为了使平版印刷获得更清晰的效果，人们从实践中发现通过橡皮布转印可解决这个问题，于是发明了使用橡皮布转印的平版胶印技术。目前胶印已是平版印刷中使用最多的技术。平版的制版过程简单，大都使用很轻的铝版或锌版，所以平版的印刷复制速度快，特别适合用于印刷复制彩色印刷品及大幅面的印刷品。目前使用照相排版也把这种印刷方式用于文字印刷。

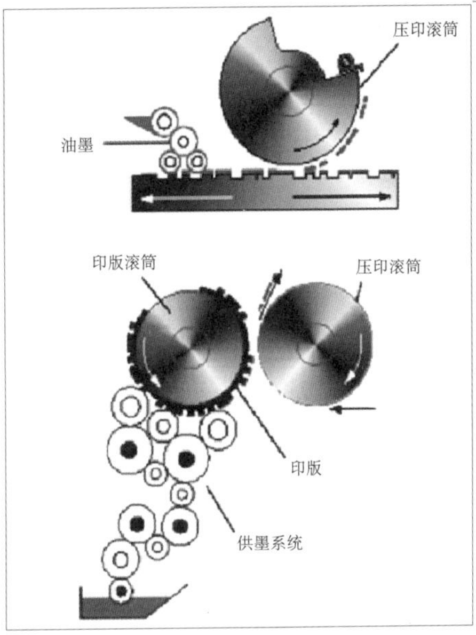

凸版印刷示意图

1．平版印（胶印）的印刷原理

平版胶印利用水与油不相混合的原理，因此，制作胶印印版的材料应是在印版图文部分具有良好的亲油疏水性，在空白部分具有良好的亲水疏油性的材料。印版则是印刷图文部分和空白部分几乎在同一平面的金属版。

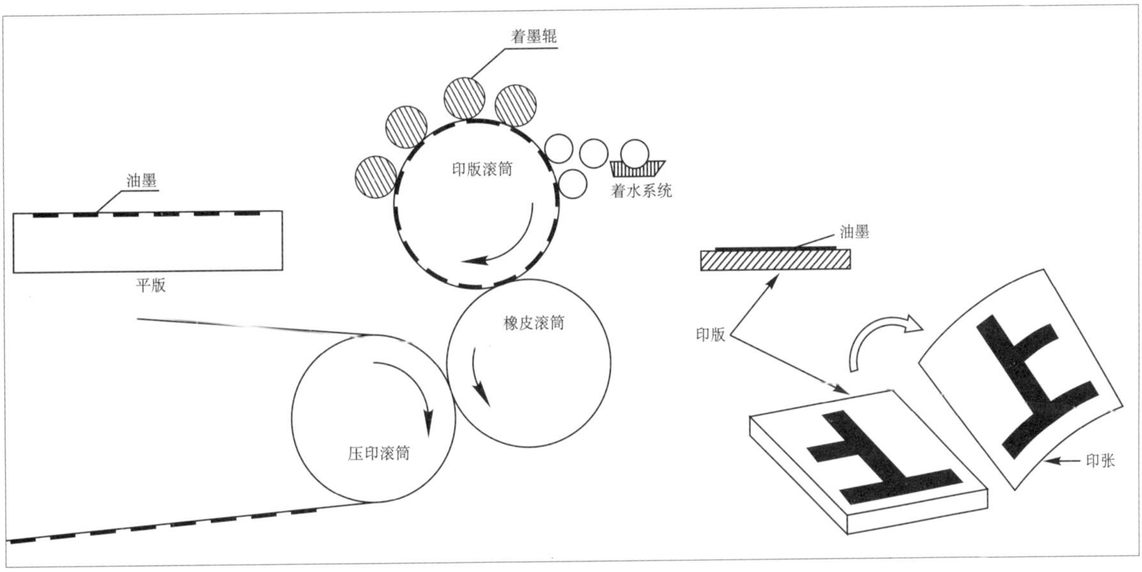

平版印刷示意图

在印刷前，先向印版涂润湿液，使印版上的空白部分形成亲水薄膜，再向印版涂油墨，使印版上的图文部分形成亲油薄膜。印刷时，图文部分亲墨排水，空白部分亲水拒墨。经过富有弹性的橡皮滚筒上橡皮布的转印，印版上的图文在承印物上留下色彩柔和、层次丰富的印迹，从而完成印刷。胶版印刷又称为间接印刷。

2．胶印的印版处理

在胶印印版制作时，都要对版面进行处理。经测定，在常用的铜、铁、锌、铝、镍、铬等金属中，铜的亲水性最差，亲油性最好，而铬的亲水性最好而亲油性最差，所以不能用铜或铬作胶印版材。铝和锌的亲油性和亲水性介于铜与铬之间，吸附性能容易改变。因此对铝、锌等版材表面进行特殊处理后，使空白部分形成稳定的金属无机盐或金属氧化物等亲水膜层，使图文部分形成稳定的脂肪酸或硬化感光树脂亲油层，这样就可以改善印版对水或油墨的吸附能力。

3．胶印机

胶印机有圆压平型和圆压圆型两类，打样机属于圆压平型，印刷机一般都是圆压圆型的。按承印物可分为平板胶印机和卷筒纸胶印机。按每台胶印机的印刷色数又可分单色机、双色机、四色机、六色机、八色机等，按印刷纸幅面大小可分为四开机、对开机、全张机、双全张机等。

三、网版印刷

最早网版印刷是使用专用舶网印油墨在丝网版上进行印刷的，目前使用涤纶、尼龙、不锈钢做网线进行网版印刷。由于网版尺寸不受限制，而且质软，所以适合对各种不同表面进行印刷，使用的承印物范围极其广泛，除纸张外，还有塑料薄膜、金属、玻璃、各种棉织与丝织物以及建筑材料等。

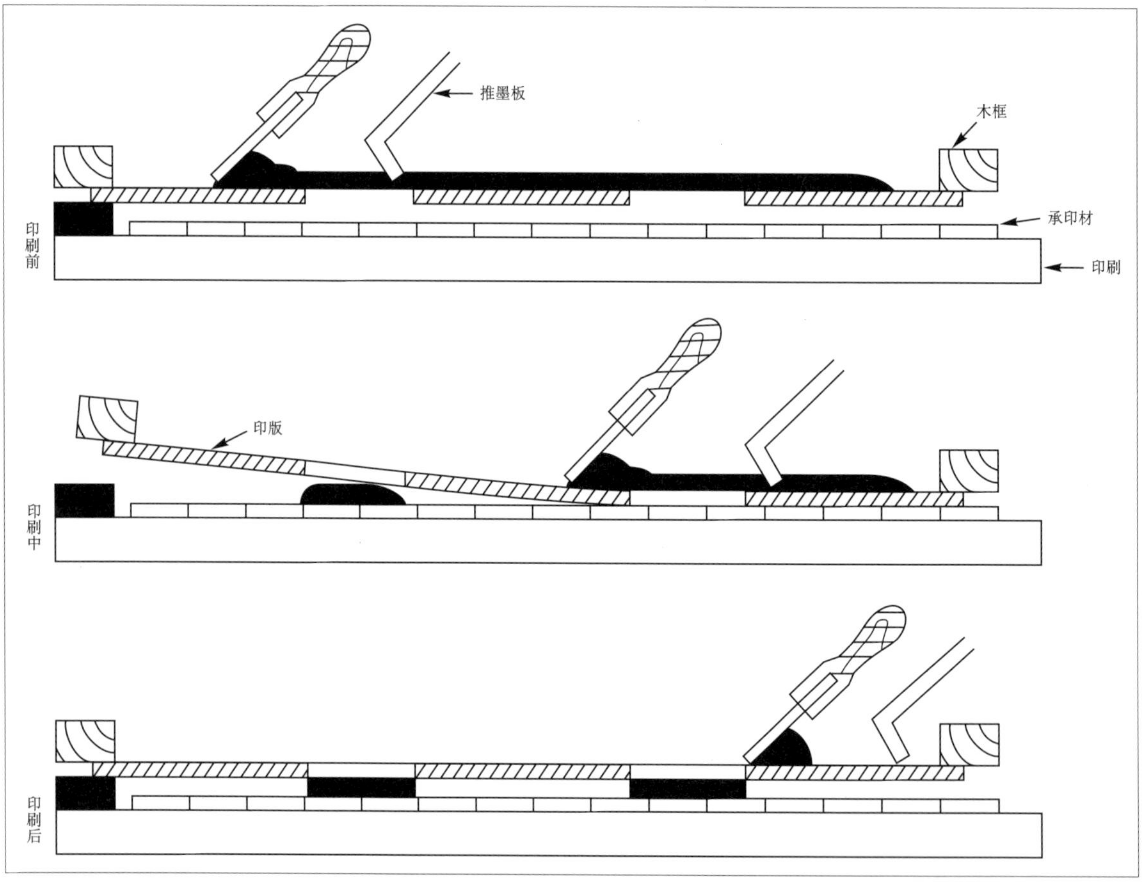

网版印刷示意图

四、凹版印刷

凹版印刷的特点是印版的图文部分是凹进去的；印刷时纸张并不与印版上的图文部分直接接触，所以凹版的耐印率很高，适合大批量印刷，但凹版的制版过程复杂，成本较高。

第二节 商品包装设计的印刷流程

商品包装制作的印刷流程为：收集资料——扫描图片——文字录入——图像设计——版面编排——输出菲林——制版——拼版——打样——校对——印刷——加工成型——成品。

1．前期的设计阶段

（1）照相分色

包装设计中的图像来源分为两类：一是数码影像；二是照相制版通过反转片电分扫描，其中扫描是最常见的分色方法。主要是通过数字化处理将原始图片进行RGB分色处理，再利用photoshop将其转换成印刷所用的CMYK模式。扫描时，输入分辨率是以每英寸分辨的像素点数来表示的，以DPI为单位。输入分辨率的高低直接影响到印刷品的清晰度。分辨率越高，印刷品的清晰度也就越高。反射原稿最高输入分辨率通常为600 DPI～2400 DPI，透射原稿最高输入分辨率通常为300 DPI～8000 DPI。

印前电子分色系统

（2）制版

制版方式有凸版、平版、凹版、丝网版等，基本上都采用晒版和腐蚀的原理进行制版。现代平版印刷是通过分色制成软片，然后晒到PS版上进行拼版印刷。

（3）拼版

将各种不同制版来源的软片，分别拼到符合要求大小的印刷版上，然后再晒成PS版进行印刷。

（4）打样

晒版后的印版在打样机上进行少量试印，以此作为与设计原稿进行比对、校对以及调整印刷工艺的依据和参照。

（5）加工成型

对印刷品进行压凸、烫金（银）、上光过塑、打孔、模切、除废、折叠粘合、成型等后期工艺加工。

2．商品包装印前制做

印前作业是指印刷工艺的前期工作，包括排版拼版、分色扫描等工作。其工作的要求主要在于对计算机在印前作业中所用到的软件的熟练掌握、熟悉印刷工艺的基本工作流程、良好的图形图像处理能力等。目前在国内对于印前作业存在着一个很严重的问题：印前作业操作人员基本上不是印刷专业人员；而印刷院校出来的学生基本上对印前工作不甚了解。

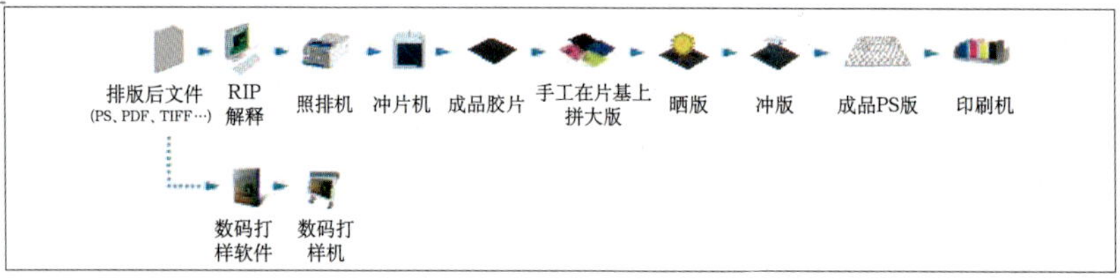

激光照排（CTF）工艺

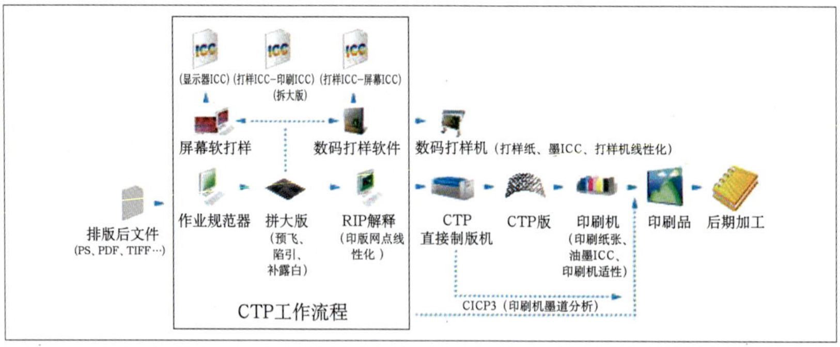

CTP工艺

第三节　商品包装设计的印刷后期加工工艺

印后加工是在印刷以后为了满足使用要求和提高外观质量，对印刷品进行加工工艺的总称。

1．上光

上光是在印刷品表面涂（或喷、印）上一层无色透明的涂料（上光油），经流平、干燥、压光后，在印刷品表面形成一层薄而均匀的透明光亮层的工艺。

上光包括全面上光、局部上光、光泽型上光、亚光（消光）上光和特殊涂料上光等。

2．覆膜

覆膜就是将塑料膜涂上粘合剂，将其与纸为承印物的印刷品经橡皮滚筒和加热滚筒加压后粘合一起，形成纸塑合一的产品。

3．烫箔——烫印电化铝

借助于一定的压力和温度，使金属箔或颜料箔烫印到印刷品或其他承印物上，以增加装饰效果的方法称为烫箔，俗称烫金。现在印后表面整饰加工中所用的箔一般是电化铝，所以也称为烫印电化铝。

4．压印

压印是根据图形形状以金属版或石膏制成的两块相配套的凸版和凹版，将纸张置于凹版和凸版之间，稍微加热并施以压力，纸张会产生凹凸变化。

5．扣刀

扣刀又称压切，当商品包装印刷需要切成特殊的形状时，可按要求现做成木模，并用薄钢刀片顺木模边缘围绕加固，然后将商品包装印刷品切割成形。

第七章 国内外优秀包装设计

GUONEIWAIYOUXIUBAOZHUANGSHEJI

Voice Memo系列包装

香水包装

化妆品包装

桑树油沐浴露包装

千趣会系列包装

REMEDIES系列包装

Cd盒包装

茗闲情茶系列包装

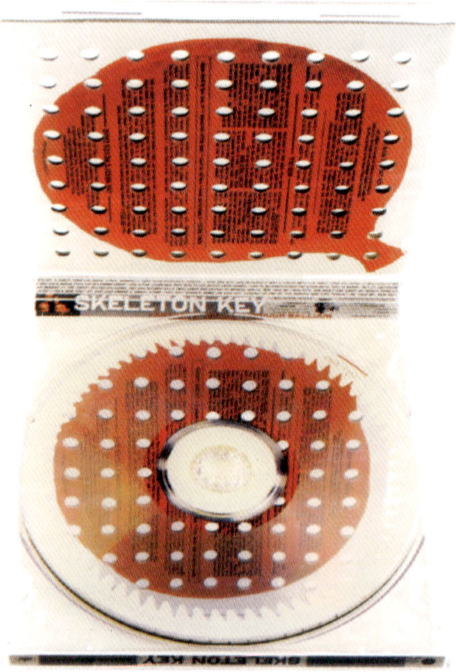

光盘包装

Bios
Las cenizas de la persona se colocan en el interior
El interior es un documento de recuerdo y localización del árbol plantado

BIOS系列包装

军需品包装

罐装食品包装

电池包装

护发用品包装

唇膏包装

富乐名家冰淇淋系列包装

中和昌普洱茶文化传播有限公司
Zhong He Chang Culture Puer Tea Communication Co., Ltd

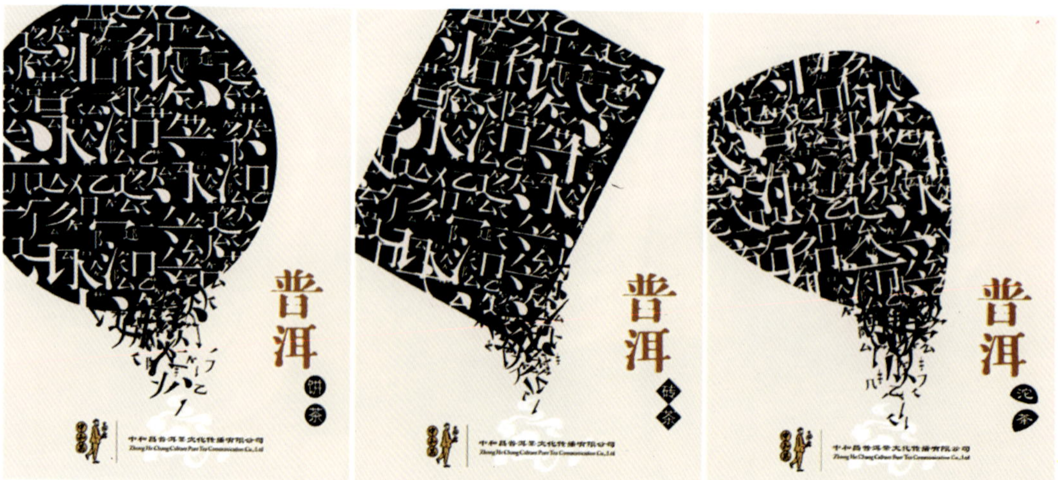

普洱茶系列包装

酒类包装

茶壶包装

礼品包装

今宵の湯
植物性石けん
今宵の湯
黒砂糖
黒砂糖配合
今宵の湯
ゆず
ユズエキス配合
今宵の湯
はちみつ
ハチミツ配合
今宵の湯
植物性石けん
今宵の湯
かわらよもぎ
今宵の湯
くちなし
クチナシエキス配合
今宵の湯
米ぬか
コメ胚芽油配合

食品系列包装

肥皂系列包装

竹轩陈酿包装

茶叶包装

隆平米系列包装

哈奇食品系列包装

coffee*gr
coffee*gr

咖啡包装

WALK
SOCKS
WALK
SOCKS
instyle
WALK
SOCKS
legends

袜子包装

联合海军上将XO礼盒

联合海军上将Extra礼盒

人头马蓝诗威士忌礼盒

忘不了茶叶包装

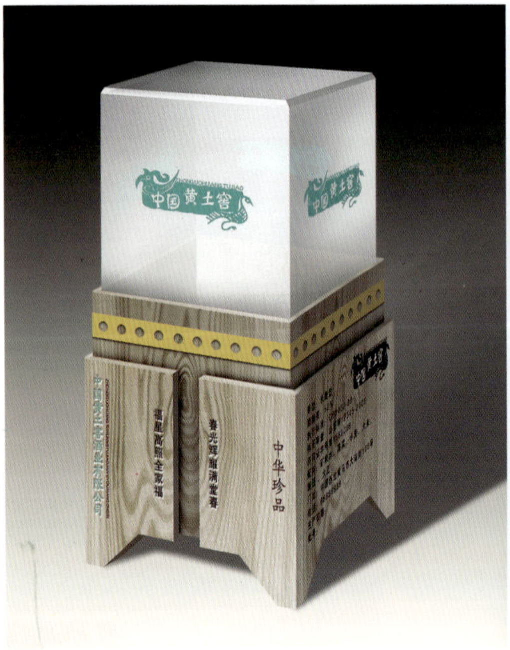

黄土窑酒包装

人头马蓝诗威士忌礼盒

棕榄保湿沐浴露系列包装

棕榄保养系列礼盒

莎丘护发组系列包装

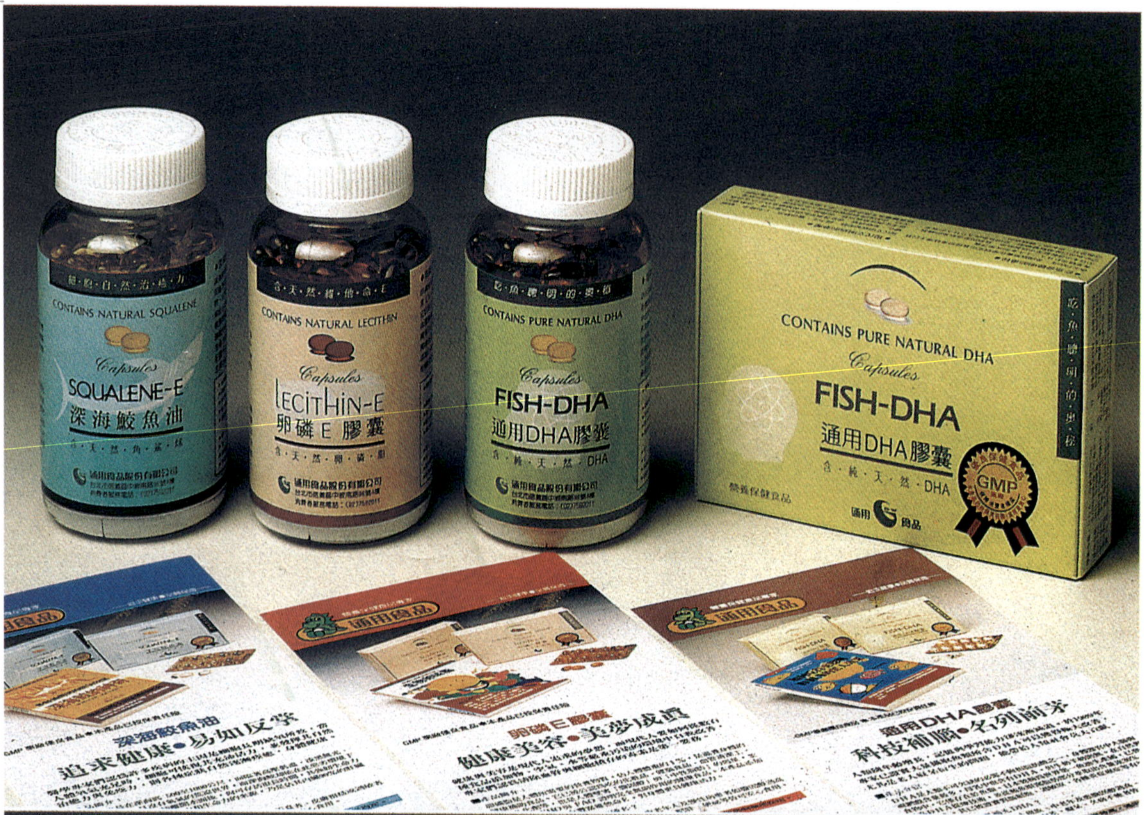
CONTAINS NATURAL SQUALENE
Capsules
SQUALENE-E
深海鮫魚油
CONTAINS NATURAL LECITHIN
Capsules
LECITHIN-E
卵磷E膠囊
CONTAINS PURE NATURAL DHA
Capsules
FISH-DHA
通用DHA膠囊
CONTAINS PURE NATURAL DHA
Capsules
FISH-DHA
通用DHA膠囊
含·純·天·然·DHA
GMP
通用商品
深海鮫魚油
追求健康●易如反掌
卵磷E膠囊
健康美容●美夢成真
通用DHA膠囊
科技補腦●名列前茅

營養保健休閒零嘴
肝油ドロップ
羊乳カルシウム
健康カルシウム
飲饍
GMP
肝油ドロップ
羊乳カルシウム
健康カルシウム
飲饍
純淨·天然·健康
的營養休閒零嘴禮盒
不會犯罪零食

通用健康食品系列包装

碧莉红茶系列包装

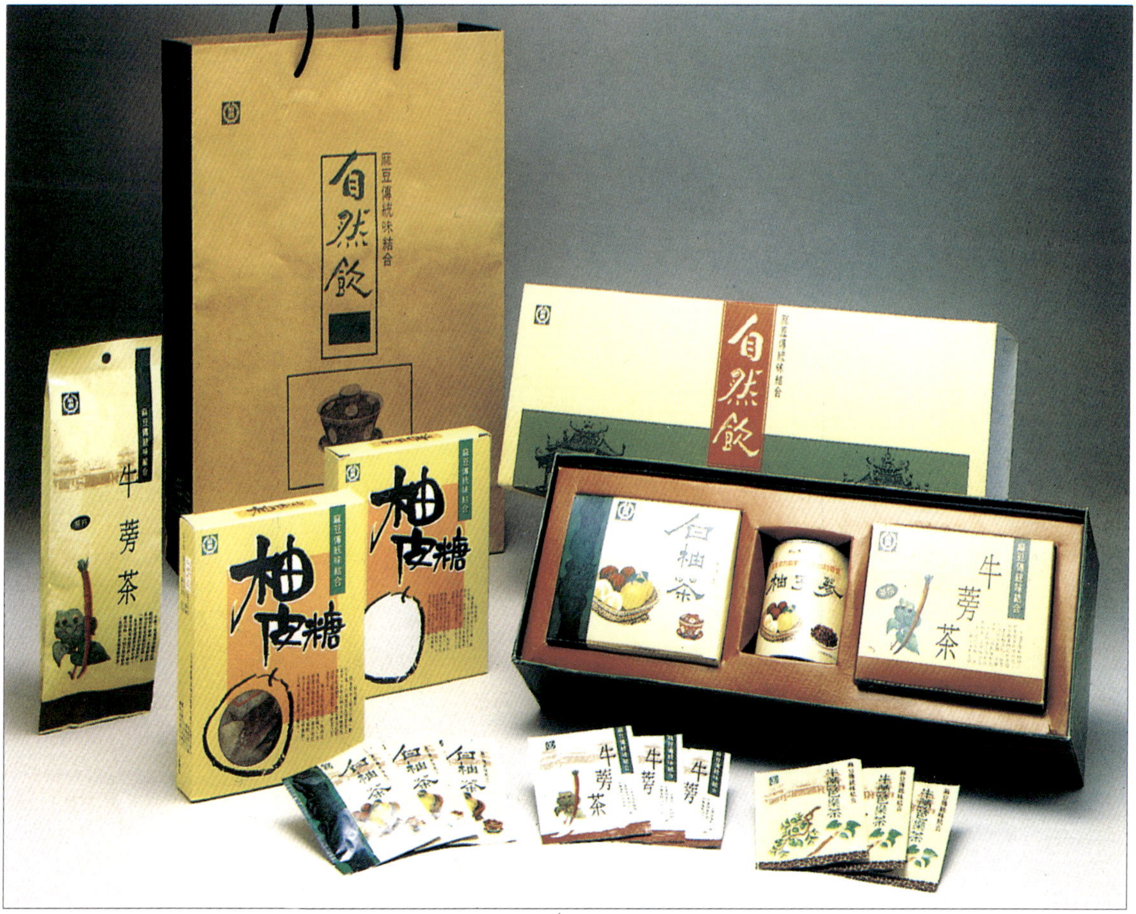

麻豆农会自然饮系列包装

怡丰轩尼诗XO礼盒

怡丰轩尼诗VSOP礼盒

富大24K黄金香水男女系列包装

大黑松小俩口凤梨酥礼盒

内门乡内行茶配礼盒系列包装

蕾娇尼司健康食品

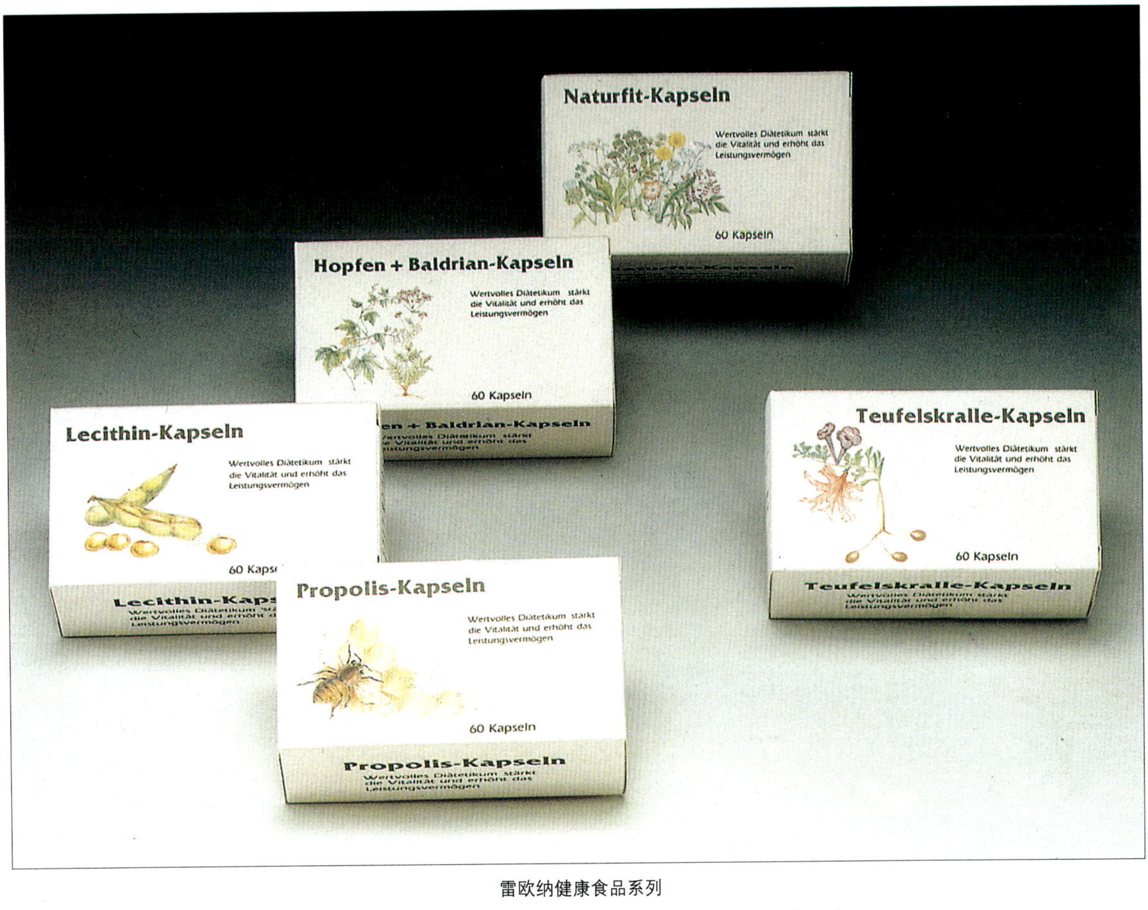

雷欧纳健康食品系列

金格凤梨酥、百果酥系列包装

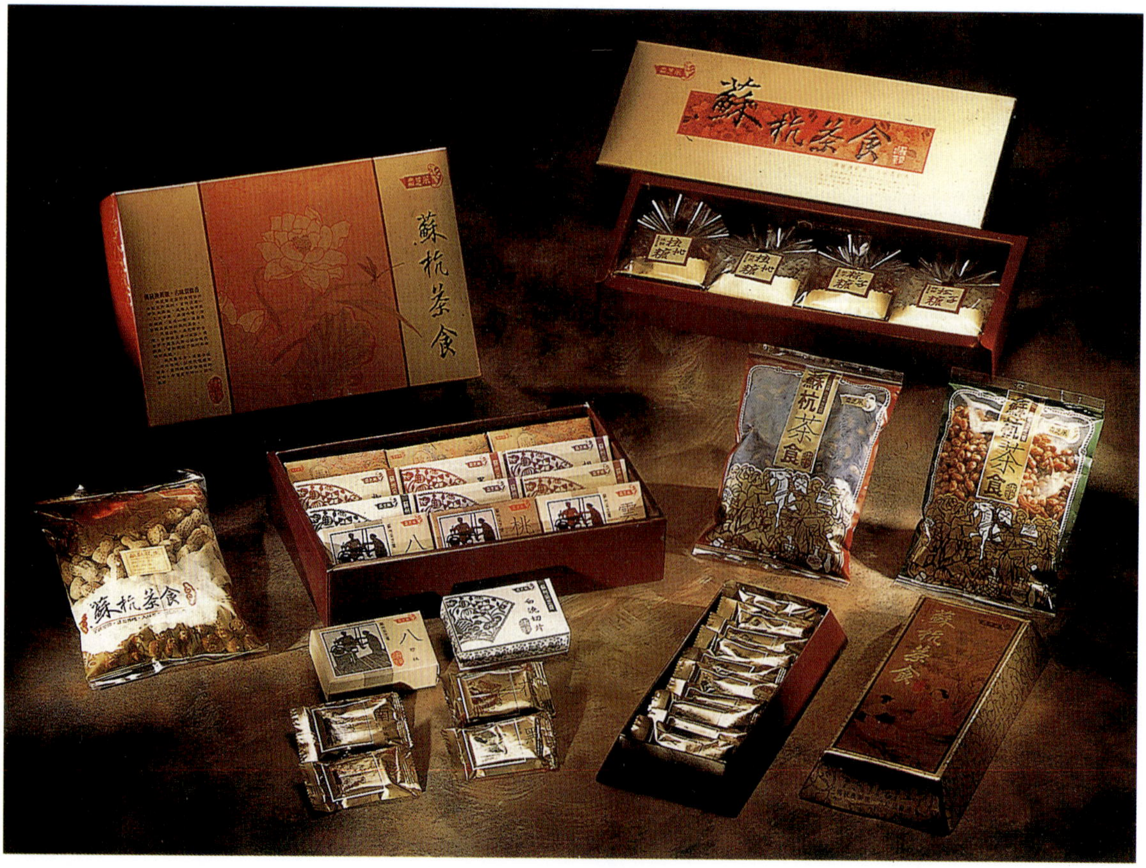

采芝斋苏杭茶食礼盒系列包装

掬水轩养生之道糖果系列包装

可口叽里呱啦动物饼干系列包装

第八章 学生包装设计作品
XUESHENGBAOZHUANGSHEJIZUOPIN

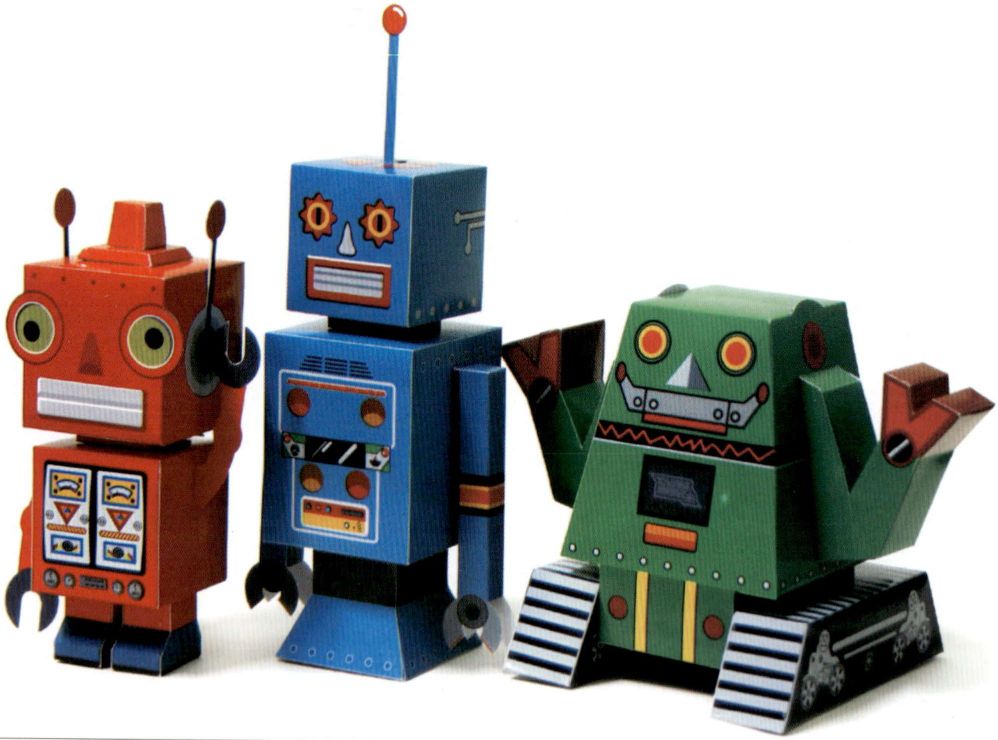

人形

人形一打装（盖）

京剧人物形象

彩色铅笔包装

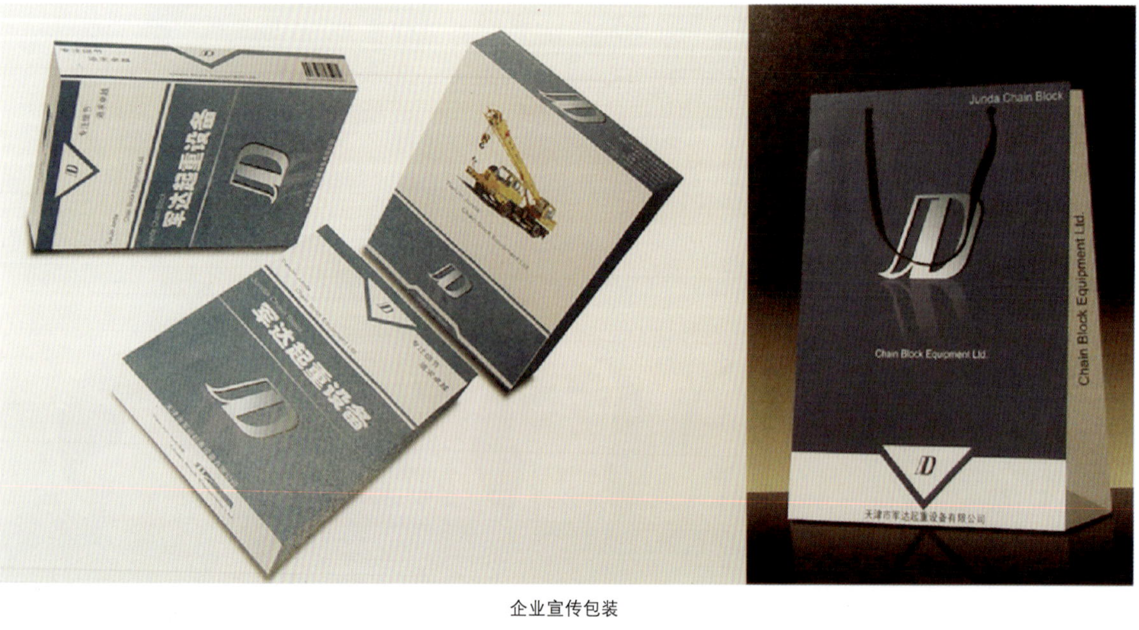

企业宣传包装

品牌包装

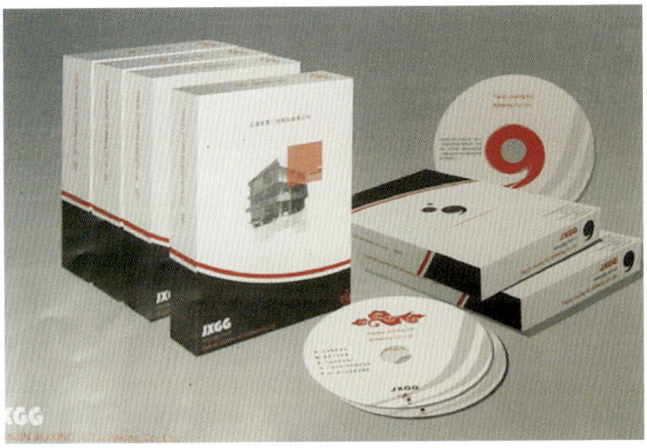

光盘包装

光盘包装

书籍包装

糖果包装

工艺品包装

第九章 相关知识

XIANGGUANZHISHI

第一节 盒结构图样

商品包装设计中一个较重要的设计元素是包装的造型。与其他诸如建筑设计、工业产品设计的道理一样，包装的盒形设计、容器造型设计都是由其本身的功能来决定形态的，即根据被包装产品的性质、形状和重量来决定的。将立体构成的原理合理地运作于解决商品包装的造型结构设计中，是较为科学的一种设计手段。

一、常规形态的盒结构设计

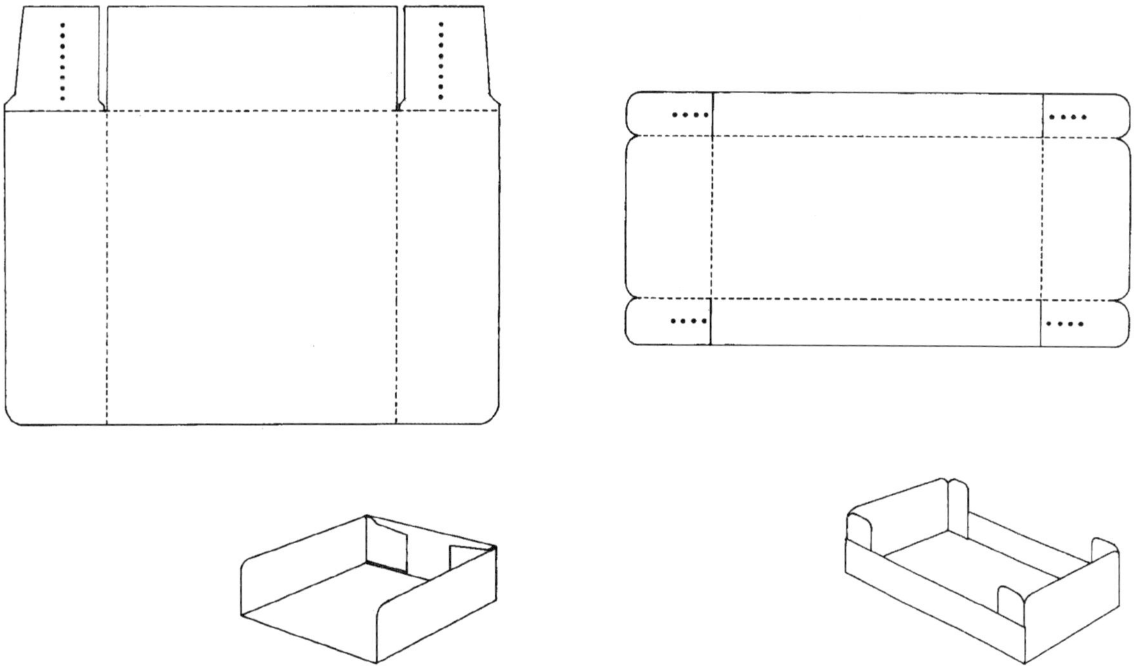

盒结构设计一

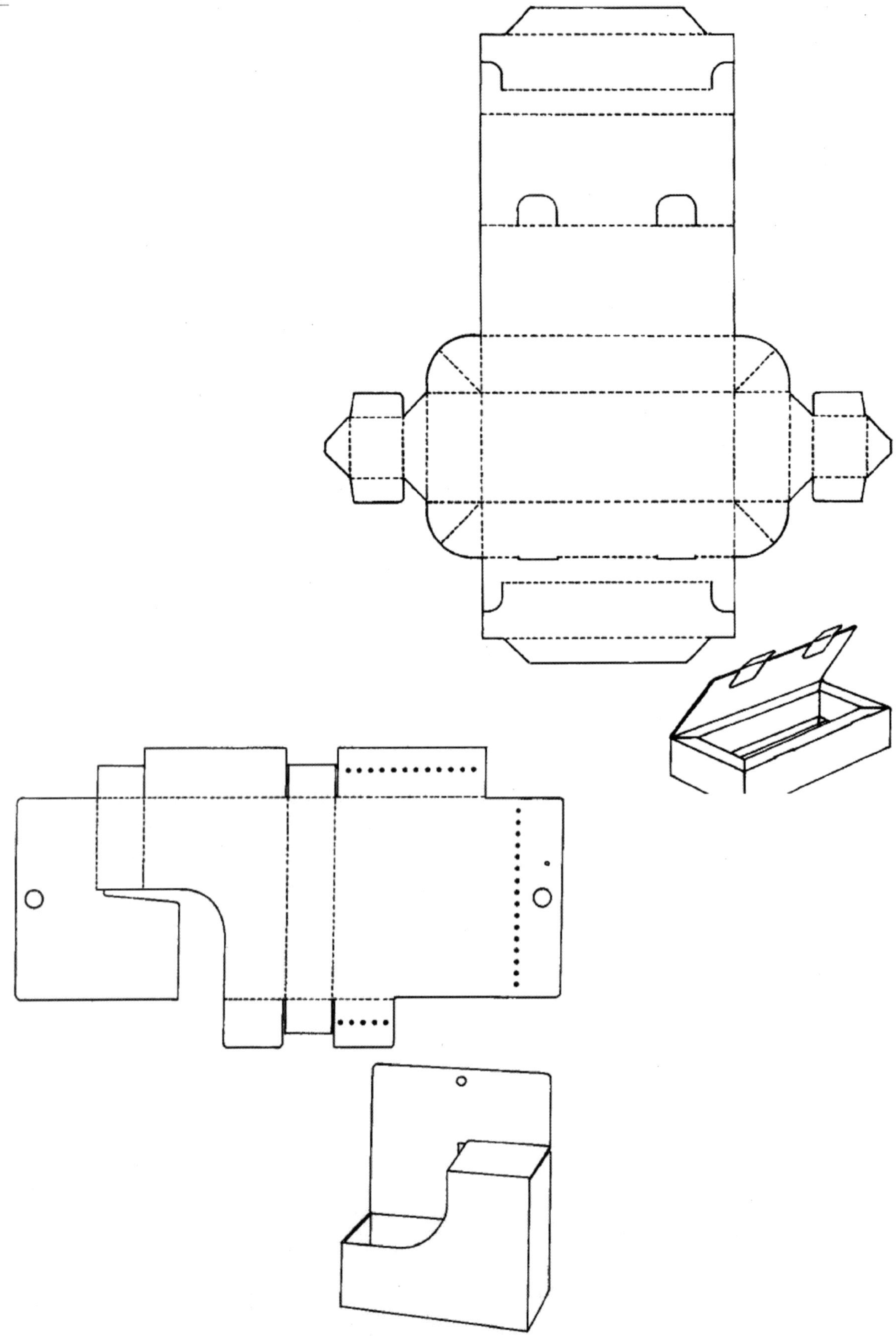

盒结构设计二

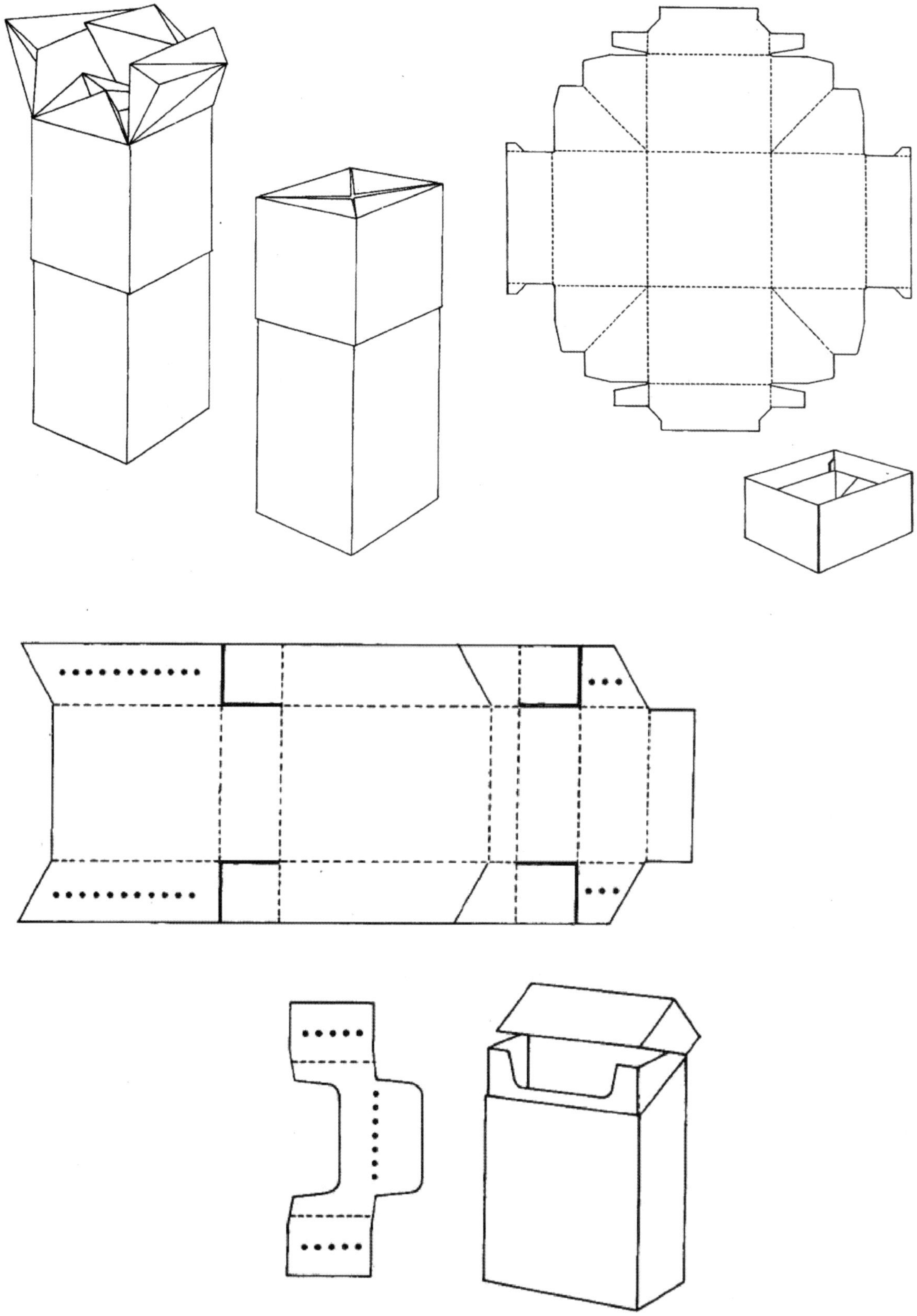

盒结构设计三

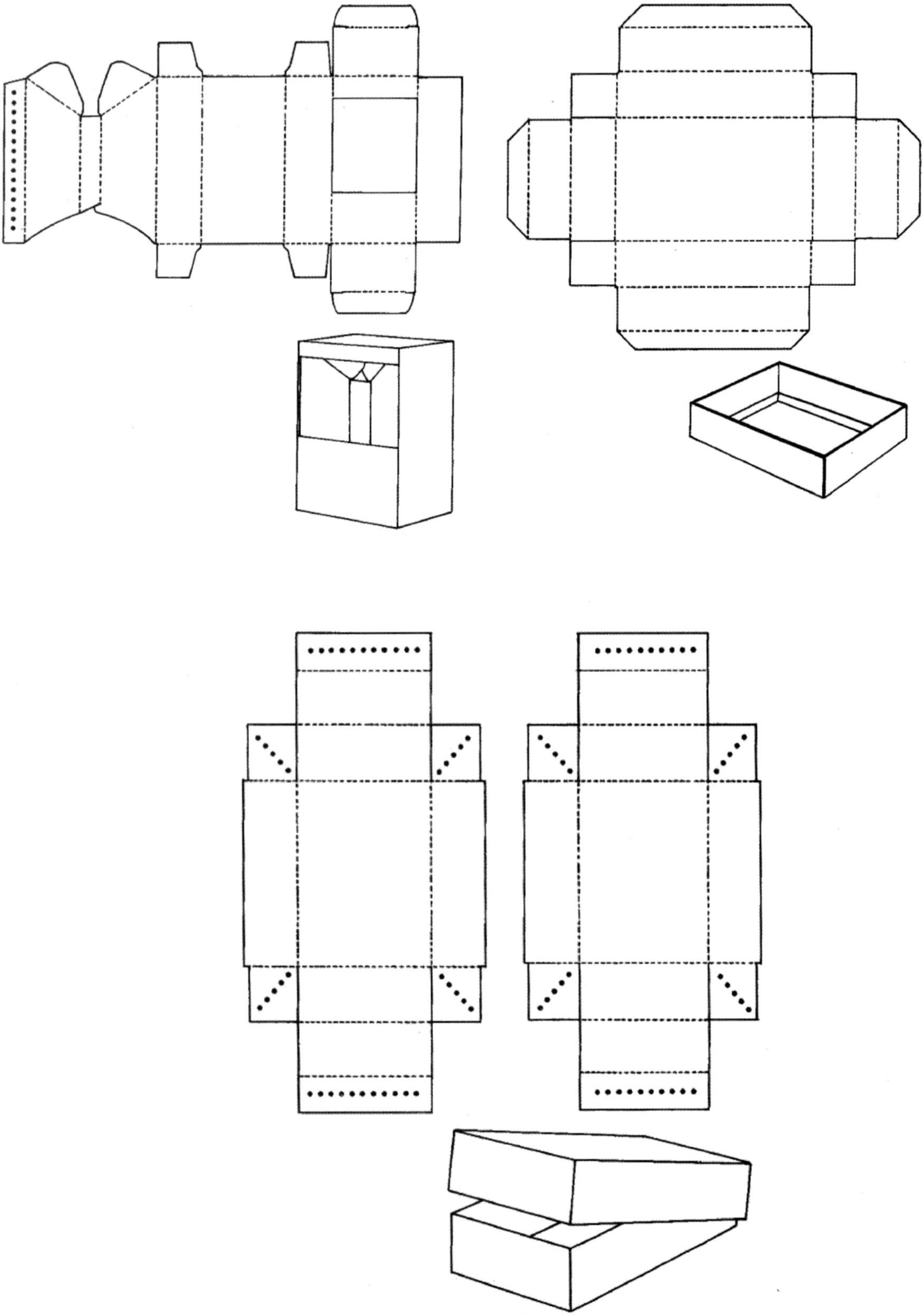

盒结构设计四

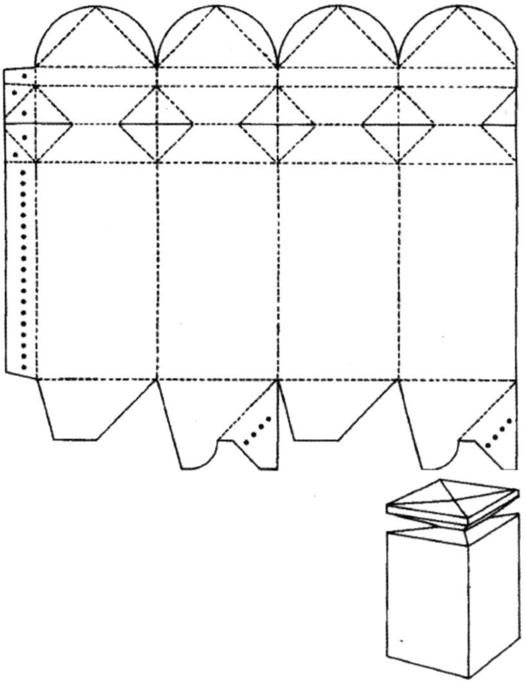

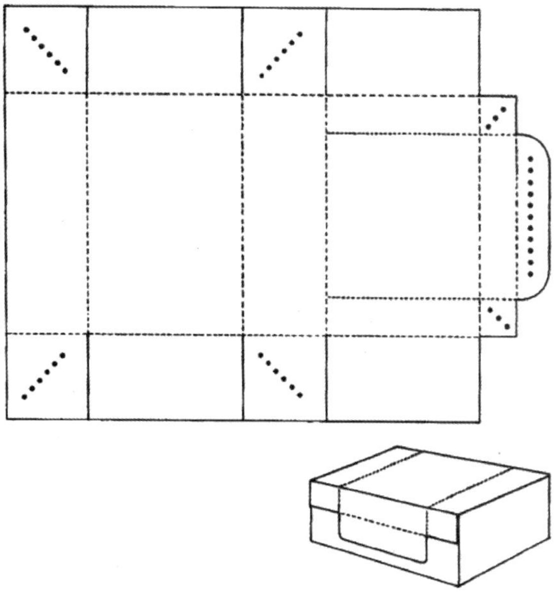

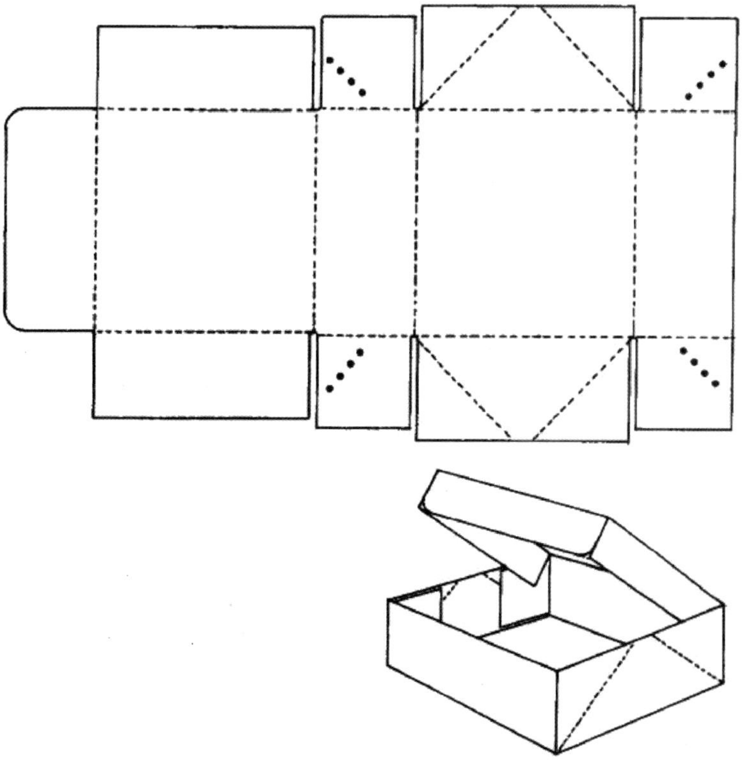

盒结构设计五

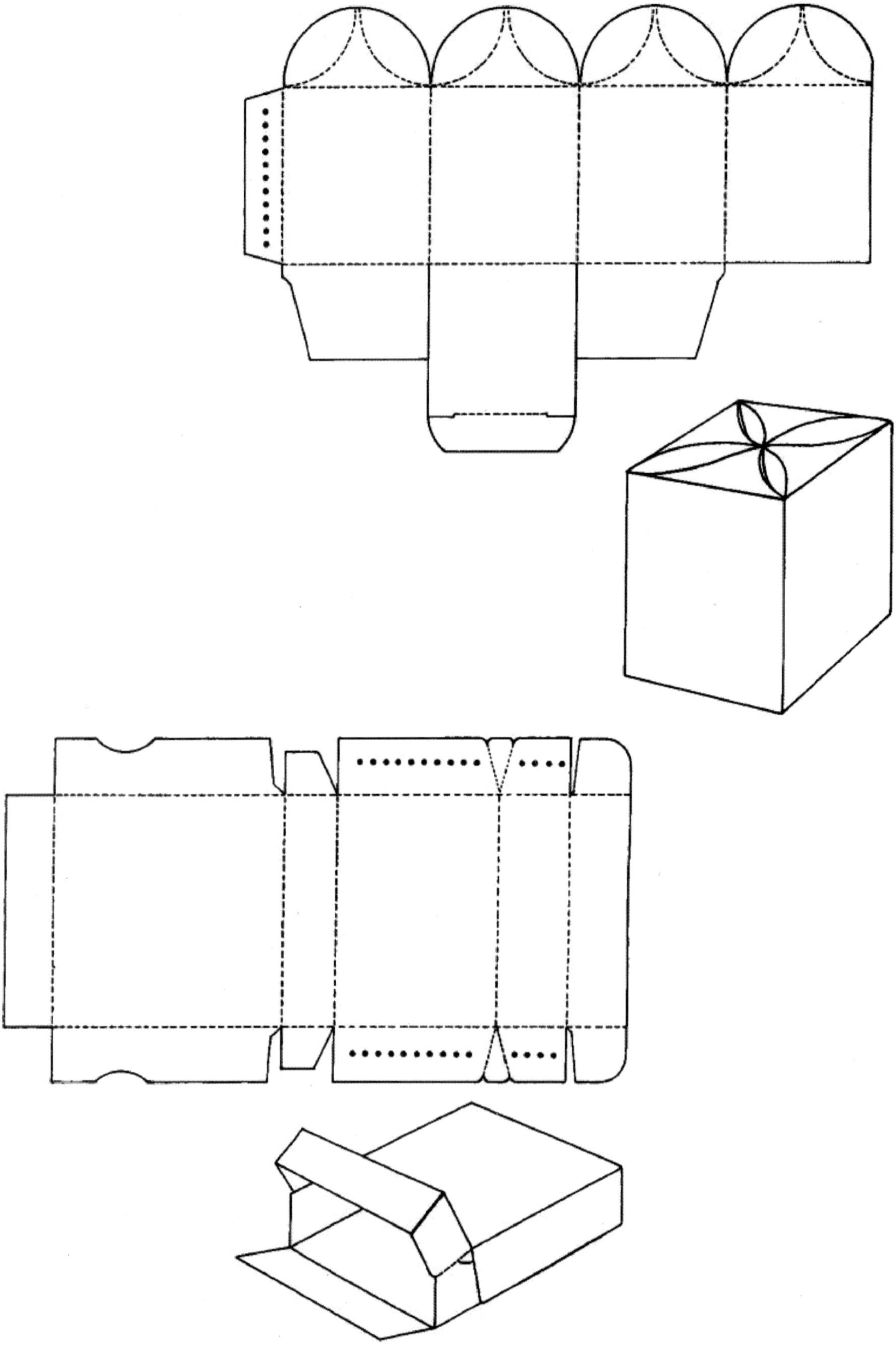

盒结构设计六

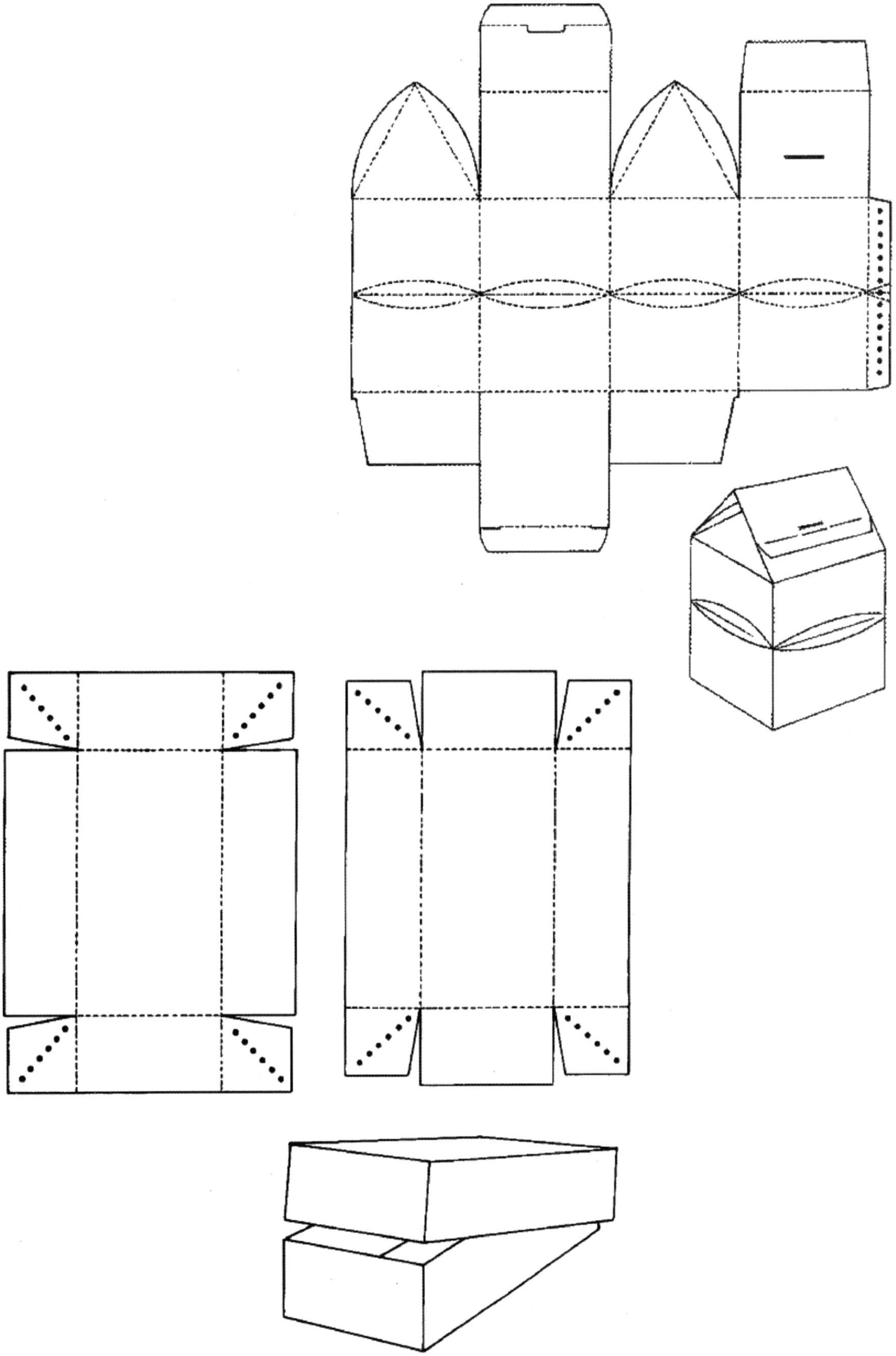

盒结构设计七

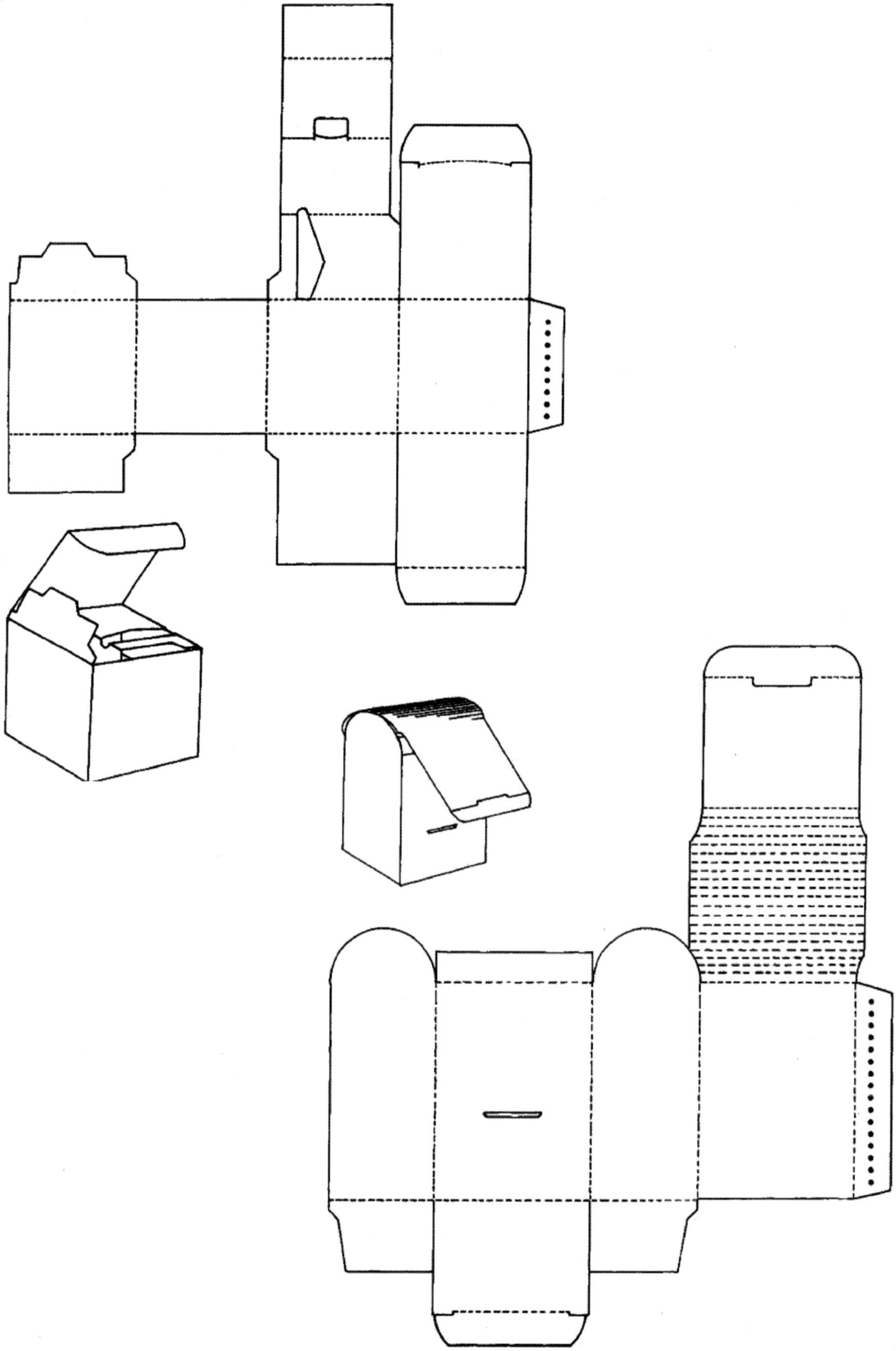

盒结构设计八

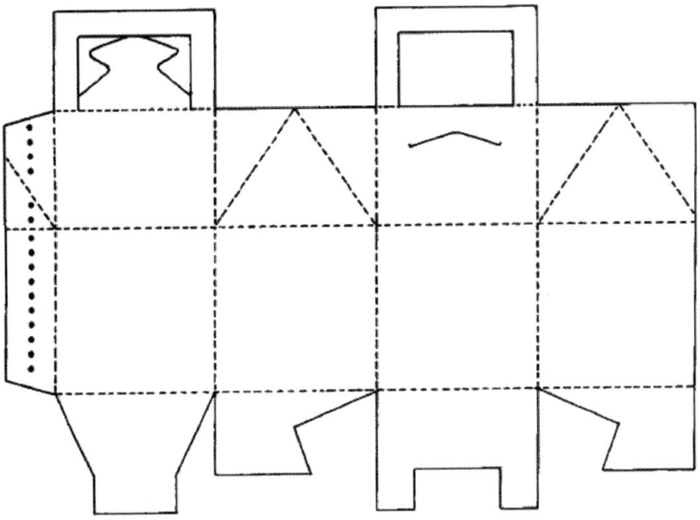

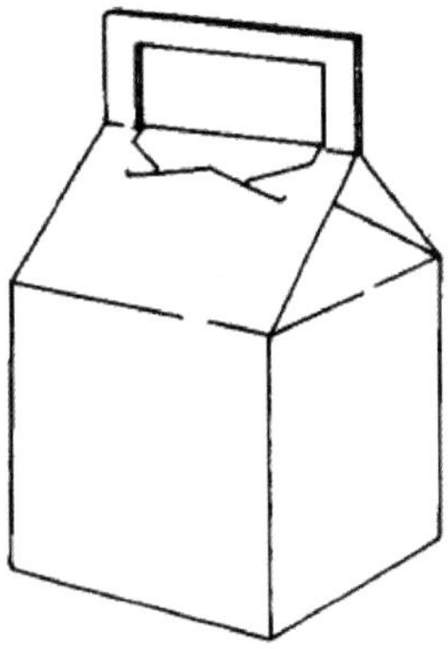

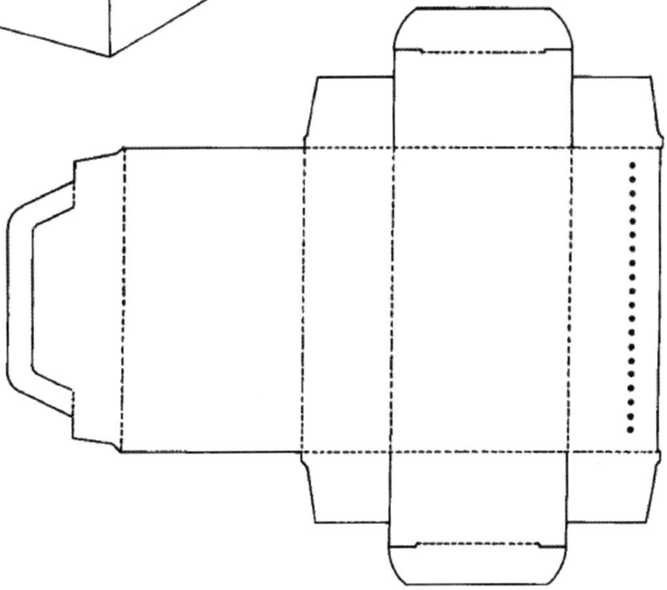

盒结构设计九

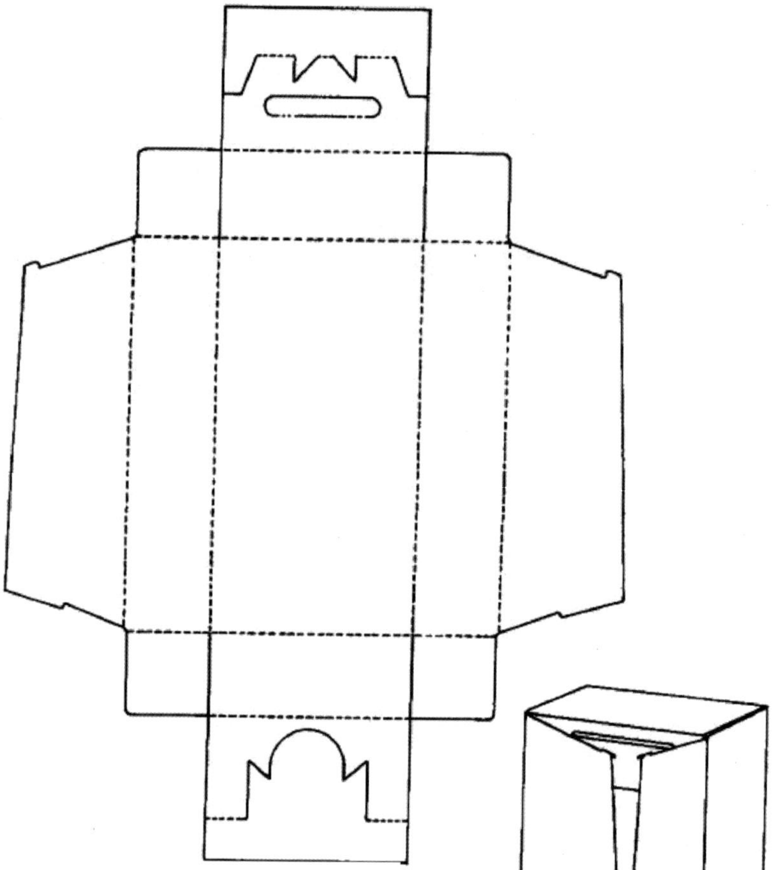

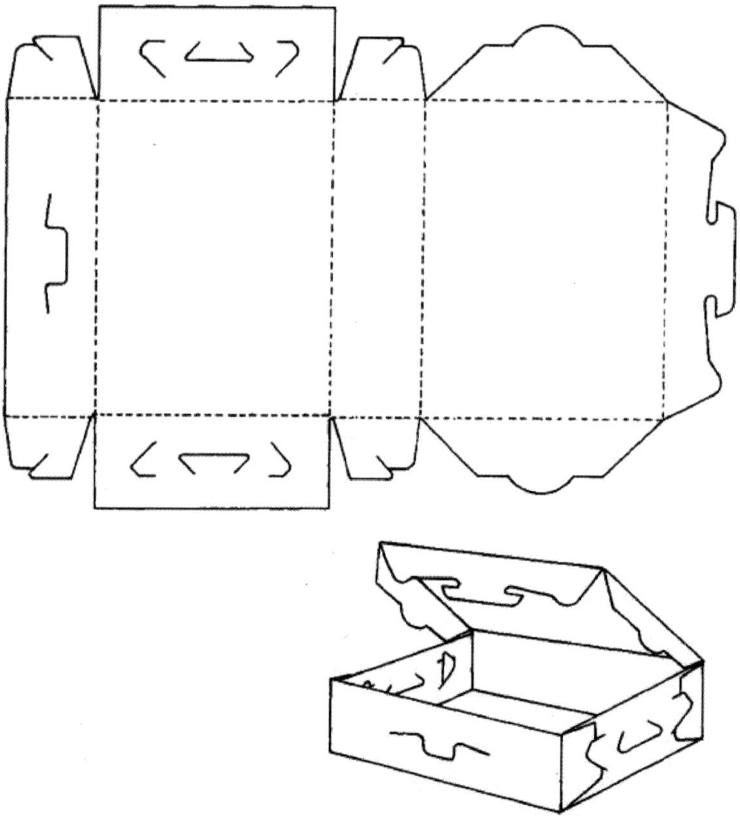

盒结构设计十

二、特殊形态的盒结构设计

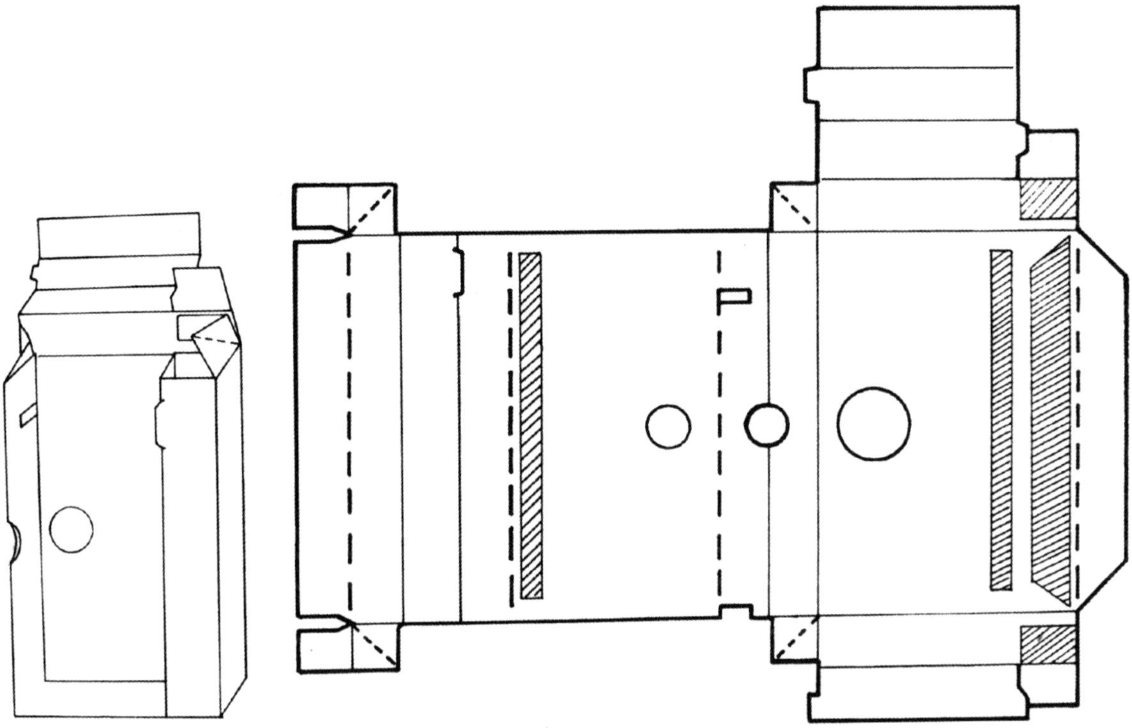

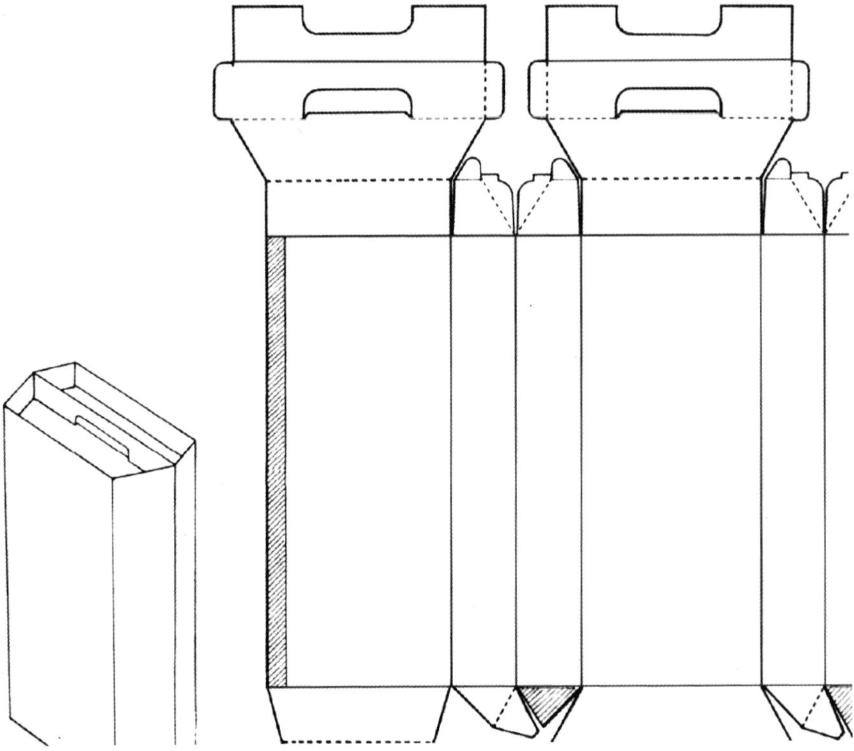

盒结构设计十一

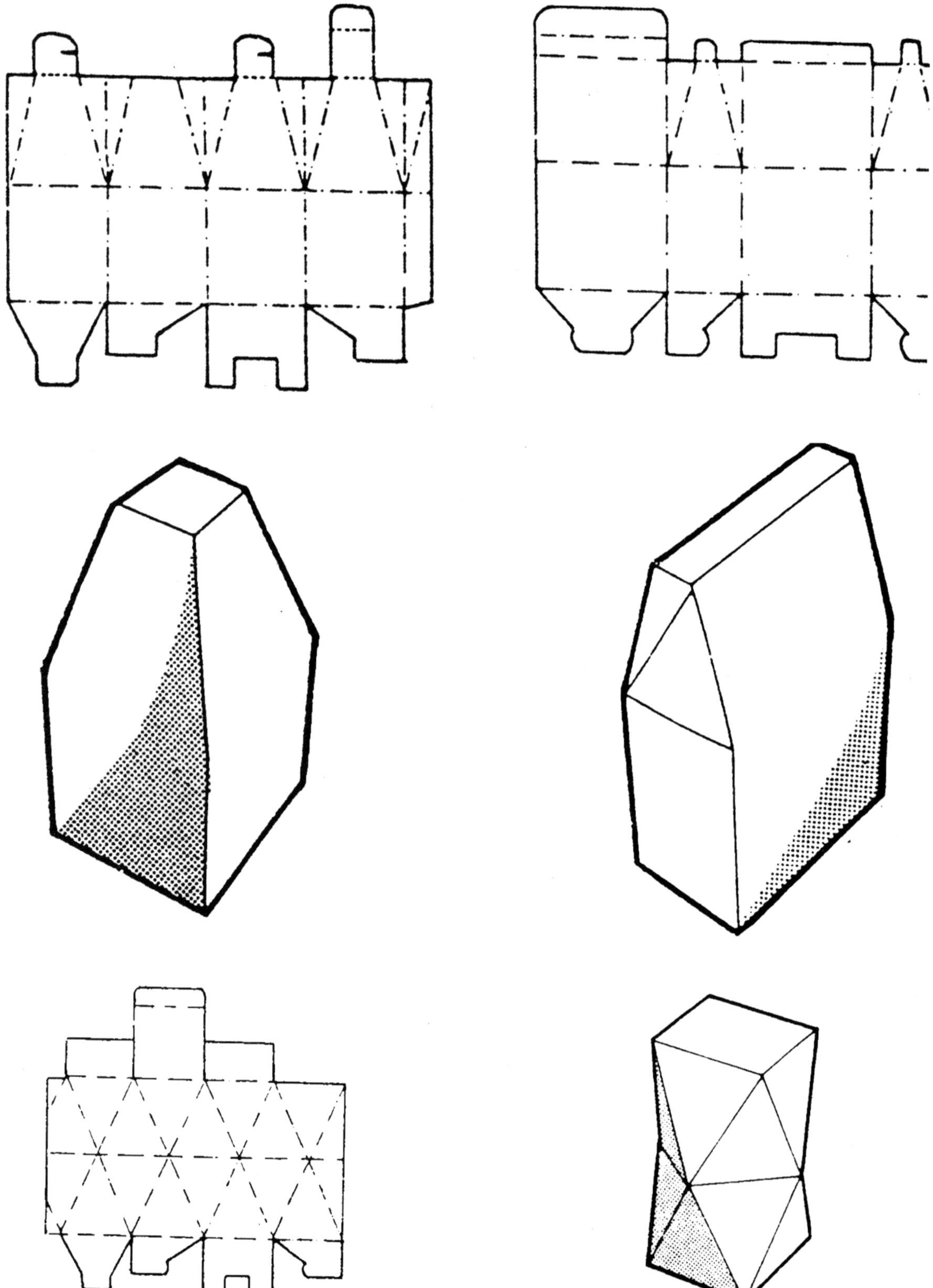

盒结构设计十二

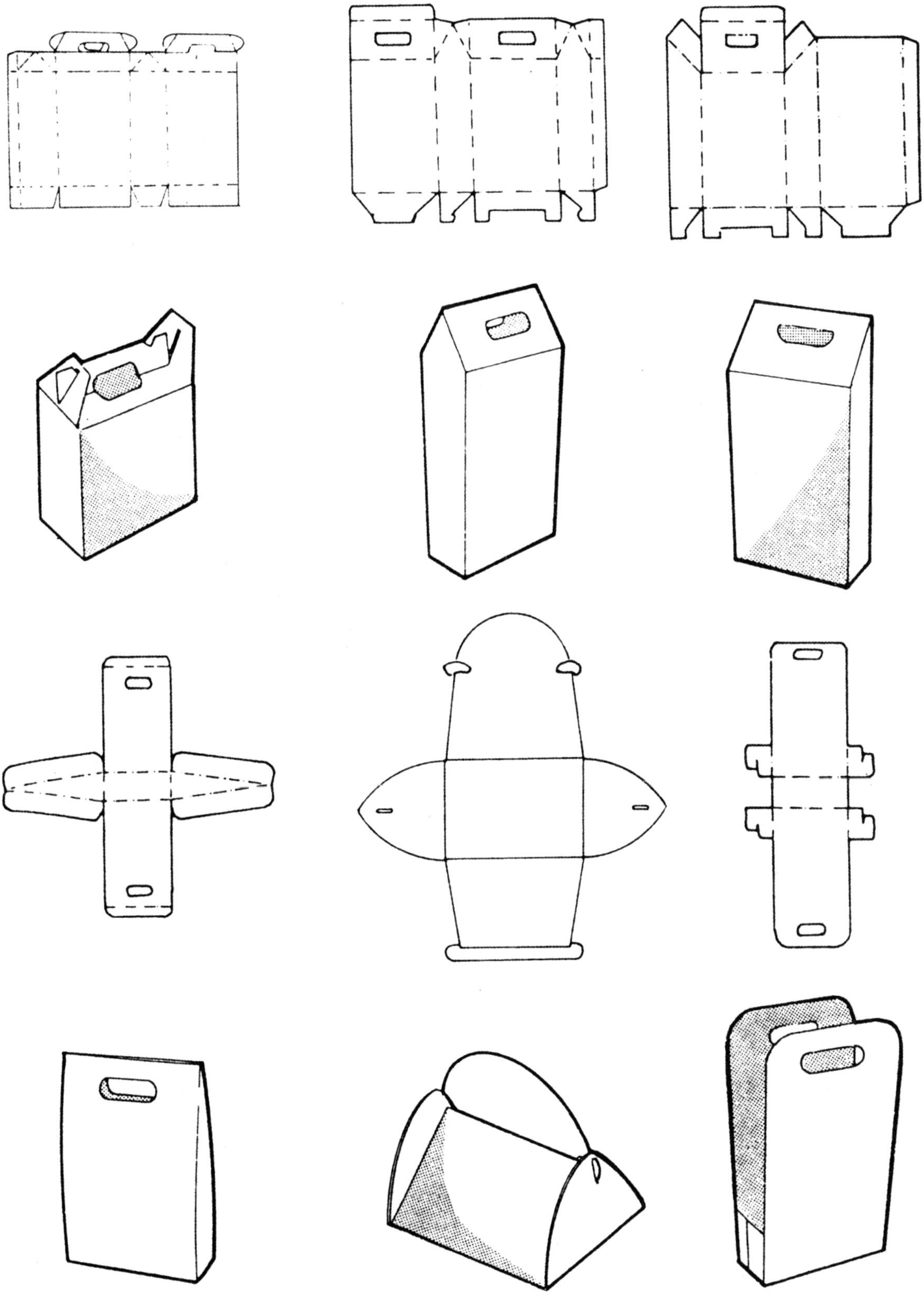

盒结构设计十三

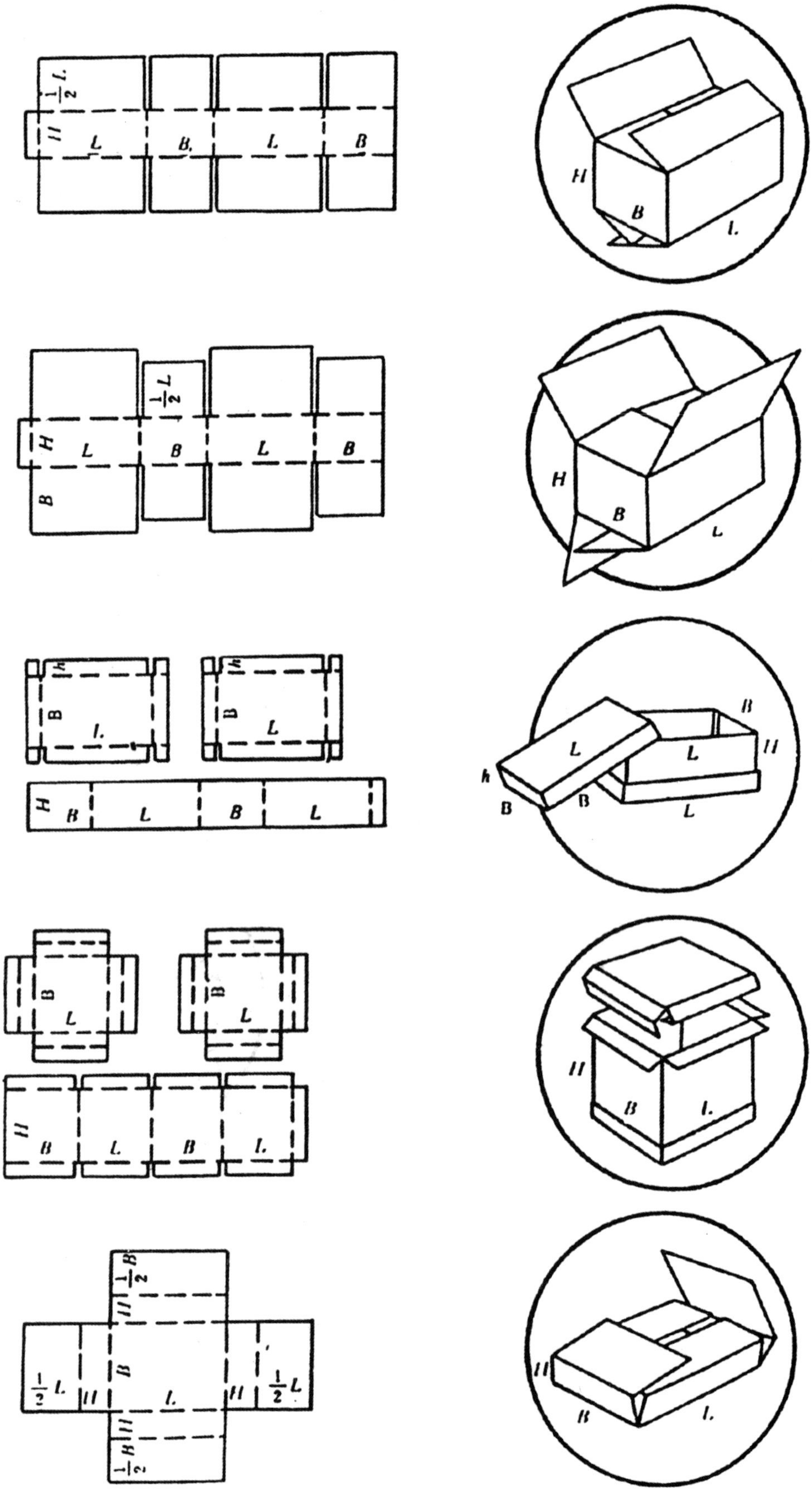

盒结构设计十四

第二节 国际商品包装法有关条例

一、欧洲各国对绿色包装的法律调控

1．德国对绿色包装的法律调控

德国1991年通过了《德国包装法令》，1998年根据《包装及包装废弃物指南》修订。1996年颁布实施了《循环经济与废物管理法》，规定商品生产者和经销者回收包装垃圾，要求容器及包装物要贴绿色标志，绿色标志使用费由包装垃圾再生利用的难易程度而定。为了尽量减少支付绿色标志使用费，有关企业在容器及包装材料上力求使包装简单方便。

2．英国对绿色包装的法律调控

1993年由包装业与28家公司组建了一个“生产者责任工业集团”，在全国推广包装废弃物收集与再利用处理系统，由80%的居民参与其活动，地方政府也负责组织回收分类。1996年5月通过《包装废弃物条例》。

3．奥地利对绿色包装的法律调控

1992年10月通过《包装法规》，后公布了《包装目标法规》以进行补充，要求生产者与销售者免费接受和回收运输包装、二手包装和销售包装，并要求对80%回收的包装资源进行再循环处理和再生利用。1994年奥地利又推出了《包装法律草案》，更准确阐述了上述法律的观点，并将欧洲包装“指南”内容容纳进去。该国还建立了回收循环系统，其中最有名的是“生态箱”和“生态袋”，由厂家专门派人将“生态箱”、“生态袋”免费送到消费者家中，并将装满的箱子、袋子取走，从而使每年的废物量大大减少。

4．法国对绿色包装的法律调控

1993年制定了《包装法规》，要求必须减少以填埋方式处理家用废弃物的数量。1994年颁布了《运输包装法规》，明确规定除家用包装外，所有包装的最后使用者要把产品与包装分开，由公司和零售商进行回收处理，法国的生产商和进口商共同成立了一个“生态包装有限公司”，作为家用销售包装废弃物中心回收系统，凡与“生态公司”签约者，只要支付一定的费用就可贴上“标点”标志，有权使用该公司的商品。另外，他们还有专门负责玻璃包装和医药包装及木制包装废弃物回收再循环处理的公司。

5．比利时对绿色包装的法律调控

比利时1993年7月通过《国家生态法》，1995年7月正式生效。该国还制订了一种生态税，规定凡用纸包装食品和重复使用的包装可以免税，其他材料的包装均要交税。比利时成立了一个由28家包装生产商、批发商、零售商与回收企业组成的名叫“福斯特·帕拉斯”的股份有限公司，负责对城区居民住宅包装废弃物的收集、分类。

二、美国对绿色包装的法律调控

早在20世纪60年代，美国就已经注意到了包装废弃物的危害，为此，一些州政府开始采取法律措施，强制回收这些废弃物。由于州政府的出面，情况逐渐有所缓解，从而掀起了一场题为“保护美国的美丽”的保护运动。1970年美国政府制定了资源回收制度。到80年代末，由于联邦政府不能将包装废弃物问题的意见强加于各州政府，他们采取了更加积极的手段，制定了总政策，国会议员们针对一些现实作出一个方案，其中包括减少包装来源、再利用、回收和焚烧，各州纷纷响应。1993年加州政府专门制定了“饮料容器赎金制”，规定所有的硬塑料容器再回收利用必须符合1991年提出的减少10%的原料用量，或必须包含25%的可回收物质的要求。北卡罗来纳州1988年的法律规定，到1997年食品包装材料如果不能达到含有25%的可回收物质，就不允许聚苯乙烯的扩大生产。康涅狄格州H.B51917项建议规定，从1995年开始在消费品包装方面禁止使用不能回收物质。纽约A.B1839项建议禁止销售和使用聚苯乙烯发泡塑料制作的包装材料。佛罗里达州政府积极推行《废弃物处理预收费法》（简称AFD），把处理包装废弃物的费用让自由选择商品的消费者承担，为了鼓励包装容器生产厂商回收利用，以支持该法律的实施，ADF法规规定只要达到一定的回收利用水平即可申请免除废弃物的回收。根据美国环保局（DEP）每年公布的各种材料，凡回收率达50%以上的容器可免除预收费，以鼓励所有生产者保证他们的产品至少有一半可以回收利用。

三、澳大利亚对绿色包装的法律调控

澳大利亚《国家包装指南》一书1991年出版，由政府召集工业、消费和环保部门代表联合编写。此外，各州都有自己的立法，昆士兰州于1994年的5月颁布了“废弃物管理战略(草案)”，该草案对国家重要的政府机构产生了很大影响，并且确立无论是企业还是消费者，都该对废弃物的处理负责。草案重点强调了再生材料市场的发展，为配合行动，要扫除一切阻碍回收材料再利用的障碍。该州有60%的居民参与了废弃物的回收系统工程，从而为300多万居民创造了良好的生存环境。因此，澳大利亚政府把这个州列为典范，用以推动全国包装废弃物的回收利用。

四、日本对绿色包装的法律调控

日本通商产业省公布了一套内容涉及消费品包装废弃物处理方法的建议，提出如出售有污染环境的包装物盛装商品时，应向顾客收押金，待顾客消费商品后把包装交回商店再退押金。为了配合这套建议，日本百货业协会成立了一个委员会，研究有关节省能源和资源的途径，并与供应商和包装商紧密合作。该委员会还定出两套百货业商品包装标准，每套标准的环保重点是：包装原料或容器必须不危害人体健康，应尽量少用废弃后难降解的包装材料，尽量缩小包装的体积；容器内的空间不应超过产品体积的两成。委员会主张采用最简单的包装方式，甚至要求零包装，尽量避免采用废弃后难以处理的包装材料。近几年来，日本相继规定了《容器包装法》、《家用电器循环法》、《再生资源利用促进法》等一系列法律法规。

参考书目

[1] [美]凯瑟琳·菲谢尔.包装设计案例分析[M].北京：中国青年出版社，2008.
[2] 陈磊.走进包装设计的世界[M].北京：中国轻工业出版社，2002.
[3] 陈磊.包装设计[M].北京：中国轻工业出版社，2006.
[4] 韩荣.包装意象[M].上海：上海三联文化传播有限公司（原上海三联书店），2007.
[5] 爱德华·丹尼森，广裕仁.绿色包装设计[M].上海：上海人民美术出版社，2004.
[6] 朱国勤，吴飞飞.包装设计[M].上海：上海人民美术出版社，2002.
[7] 杨仁敏.包装设计[M].重庆：西南师范大学出版社，2003.
[8] 李鹏程，王炜.色彩构成[M].上海：上海人民美术出版社，2003.
[9] 毛溪.字体设计与编排[M].上海：上海人民美术出版社，2004.